우리 땅에 피는 야생화

우리 땅에 피는 야생화

초판 1쇄 인쇄 2018년 6월 1일
초판 1쇄 발행 2018년 6월 10일

지은이 조식제·이선미
펴낸이 양동현
펴낸곳 아카데미북
　　　출판등록 제13-493호
　　　주소 02832, 서울 성북구 동소문로13가길 27
　　　전화 02) 927-2345　팩스 02) 927-3199

ISBN 978-89-5681-173-4 / 13480

＊제본이 잘못된 책은 구입한 곳에서 바꾸어 드립니다.

www.iacademybook.com

이 도서의 국립중앙도서관 출판시도서목록(CIP)은
e-CIP홈페이지(http://www.nl.go.kr/ecip)와 국가자료공동목록시스템(http://www.nl.go.kr/kolisnet)에서
이용하실 수 있습니다. CIP제어번호 : CIP2018016235

우리 땅에 피는 야생화

꽃, 저절로 피어 마음에 오래 남다

조식제 · 이선미

아카데미북

작가의 말 1

해마다 봄꽃 소식이 들리면 마음이 설레기 시작합니다. 꽃을 찾아 떠나는 발걸음은 언제나 가볍고 즐겁습니다. 도시에서의 번잡했던 마음이 꽃 하나에 단순해집니다.

겨울을 견뎌 낸 가녀린 야생화를 볼 때마다 대견스럽고, 자연의 오묘한 조화에 감탄하지 않을 수 없습니다. 꽃들과 마주할 땐 이해인 수녀의 '꽃이 되는 건'이라는 시가 생각납니다. "꽃이 필 때 꽃이 질 때 사실은 참 아픈 거래 / 나무가 꽃을 피우고 열매를 달아 줄 때도 사실은 참 아픈 거래"라는 시구는 꽃들이 우리에게 전하는 속삭임 같습니다.

식물이 꽃을 피운다는 것은, 사실은 씨앗을 맺기 위해 벌이나 나비를 청하는 것입니다. 불청객에 불과한 인간은 그들의 아름다움을 즐기고 마음의 안식도 얻습니다. 우리가 염치가 좀 있으려면 그들의 삶을 방해하지 않는 범위 내에서 감상하고, 또 흔적도 남기지 않고 돌아와야 할 것입니다. 그들은 우리와 함께하는 멋진 생명 공동체인 동시에 귀한 생물자원이기도 하니까요.

이 책은 십수 년간 정성으로 꽃을 찾은 현장의 기록입니다. 공저자인 이선미 작가도 같은 마음이었기에 사진 한 장마다 그 느낌과 열정이 담겨 있습니다. 지면 관계상 더 많은 꽃들을 담지 못한 점이 매우 아쉽습니다만, 백두산을 포함한 우리나라의 대표적인 야생화와 희귀종을 소개하려고 최선을 다했습니다. 식물학적 관점에서 엮은 책은 아니니 마음 가는 대로 즐기는 데 의미를 두셨으면 좋겠습니다.

우리 야생화의 매력은 소박함과 조화로움입니다. 야생화를 사랑하는 분들이나 이제 막 관심을 가지시는 분들 모두 이 책을 통해 우리 야생화의 아름다움을 공감하시기를 기대합니다. 저는 내일도, 또 내년에도 꽃을 찾아서 산과 들을 누비고 싶습니다.

도심을 벗어나 야생화가 피어난 산길을 걷기 좋은 시절입니다.

늘 건강하십시오!

2018년 5월, 조식제

작가의 말 2

한여름의 푹푹 찌는 더위를 견딜 수 있음은 살랑살랑 소슬바람이 불어오는 가을이 올 것임을 알기 때문이며, 꽁꽁 언 추운 겨울을 견뎌 낼 수 있음은 모든 식물이 잠을 깨고 파릇파릇 연둣빛 새싹을 틔우는 봄이 올 것임을 알기 때문입니다.

추위가 채 물러가지 않은 2월에도 대지에 봄이 오고 있음을 알리고자 화려한 꽃대를 올려 주는 복수초, 노루귀, 바람꽃들…. 때로 눈폭탄을 맞기도 하지만 눈을 하얗게 뒤집어쓴 그 모습조차 보고 싶어 매번 설레는 마음으로 봄을 기다립니다.

그렇게 야생화를 접한 지 어언 12년이라는 세월이 지났네요. 야생화를 찍기 시작하면서 풀 한 포기도 소중하다는 것을 알게 되었고, 자연이 얼마나 위대한지를 새삼 깨달았습니다. 그렇게 오랫동안 산과 들을 다니면서 찾고 보고 찍어 왔던 온갖 풀과 야생화들을 허투로 버릴 수가 없었습니다.

꽃 사진이 차곡차곡 쌓일 즈음 야생화 책을 내 보자고 연락 주신 조식제 선생님께 감사드립니다. 전국의 장거리 출사로 새벽부터 밤늦게까지 나가 있을 때 늘 동행해서 묵묵히 지켜 준 남편과 가족에게 고마움을 전합니다. 또한 야생화 정보를 공유해 주신 블로그 이웃과 지인들께 감사드립니다. 그분들 없이는 혼자서 하기 어려운 일이었습니다. 그리고 사진을 찍는 일 자체로도 행복할 수 있다는 걸 느끼게 하고 늘 힘을 실어 주는 사진작가협회 구미지부 우리 4인방 경애, 태희, 경희 님 감사합니다. 야생화 책을 만들면서 한 권의 책이 완성되기까지 얼마나 많은 수고가 따르는지를 처음 알게 되었네요. 편집장님 수고 많으셨습니다.

세상을 접하는 모든 순간이 소중함을 깨닫게 해 준 하나님께 모든 공로를 돌리며, 이 책을 접하시는 모든 독자분들의 인생이 책 속의 꽃들만큼이나 활짝 핀 매 순간이 되시길 진심으로 기원합니다.

2018년 5월, 이선미

이 책을 보는 방법

1. 같은 종류끼리 배열하기 - 기본적인 배열

전체적인 순서는 꽃 촬영 날짜를
기준으로 가나다순으로 하되,
종류가 같은 것은
연달아 배열하였다.

꽃을 촬영한 시기와 장소.
보편적인 개화 시기와 일치하지
않은 경우도 있다. 촬영지를 통해
개화 시기가 환경의 영향을
받고 있음을 알 수 있다.

해당 식물의 개요.
작가의 눈에 띈 특징 또는
일반적인 정보를 수록했다.
세세한 정보를 얻으려면
전문 도서를 별도로
참고할 필요가 있다.

2. 이름이 비슷한 것끼리 배열하기

꽃의 모양이 다르지만 이름이 비슷하여 연달아 배열하였다.

3. 형태 또는 생태가 비슷한 것끼리 배열하기

꽃의 형태와 생태가 비슷하여 혼동할 수 있는 식물끼리 정확한 비교를 위해 연달아 배열하였다.

목차

머리말　　　　　　　　4
이 책을 보는 방법　　　6
일러두기　　　　　　　18

복수초	20	보춘화(춘란)	32	개잠자리난초	51
세복수초	21	감자난초	34	넓은잎잠자리란	51
개불알풀	22	금난초	35	흰제비란	52
큰개불알풀	23	새우난초	36	하늘산제비란	53
선개불알풀	23	석곡	37	나도제비란	53
너도바람꽃	24	약난초	38	대흥란	54
변산바람꽃	25	자란	39	제주무엽란	55
꿩의바람꽃	25	나나벌이난초	40	지네발란	56
나도바람꽃	25	닭의난초	41	해오라비난초	57
남방바람꽃	26	나도씨눈란	42	복주머니란	58
만주바람꽃	26	병아리난초	43	노랑복주머니란	59
들바람꽃	27	구름병아리난초	43	미색복주머니란	59
숲바람꽃	27	사철란	44	산서복주머니란	60
쌍동바람꽃	27	한국사철란	45	양머리복주머니란	60
태백바람꽃	28	손바닥난초	46	얼치기복주머니란	61
회리바람꽃	28	흰손바닥난초	46	연분홍복주머니란	61
홀아비바람꽃	29	옥잠난초	47	분홍털복주머니란	62
바람꽃	29	타래난초	48	털복주머니란	62
노루귀	30	잠자리난초	50	광릉요강꽃	63

큰방울새란	64	애기괭이눈	84	돌양지꽃	99
흰큰방울새란	64	털괭이눈	85	물양지꽃	99
방울새란	65	흰괭이눈	85	딱지꽃	99
한라새둥지란	66	산괭이눈	85	얼레지	100
으름난초	67	애기괭이밥	86	우산나물	102
백서향	68	큰괭이밥	86	삿갓나물	103
삼지닥나무	69	붉은괭이밥	87	자운영	104
솔잎란	70	괭이밥	87	애기자운(털새동부)	105
일엽초	71	자주괭이밥	87	두메자운	105
앉은부채	72	깽깽이풀	88	제비꽃	106
애기앉은부채	72	흰깽깽이풀	89	고깔제비꽃	107
산부채	73	달래	90	노랑제비꽃	107
각시붓꽃	74	산자고	91	둥근털제비꽃	107
금붓꽃	75	모데미풀	92	알록제비꽃	108
노랑무늬붓꽃	75	미치광이풀	93	털제비꽃	108
타래붓꽃	76	노랑미치광이풀	93	호제비꽃	108
난쟁이붓꽃	76	봄구슬붕이	94	남산제비꽃	109
등심붓꽃	77	구슬붕이	94	잔털제비꽃	109
꽃창포	78	삼지구엽초	95	태백제비꽃	109
대청부채	79	솜방망이	96	조팝나무	110
범부채	79	물솜방망이	97	공조팝나무	111
노랑꽃창포	81	민솜방망이	97	산조팝나무	111
광대나물	82	산솜방망이	97	긴잎산조팝나무	111
자주광대나물	83	양지꽃	98	참조팝나무	112
괭이눈	84	민눈양지꽃	98	꼬리조팝나무	112
금괭이눈	84	나도양지꽃	98	중의무릇	113

진달래	114	붉은대극	131	홍도까치수염	143
꼬리진달래	115	등대풀	131	갯메꽃	144
참꽃나무	116	개미자리	132	메꽃	146
좀참꽃	117	나도개미자리	132	애기메꽃	147
백산차	118	유럽개미자리	133	선메꽃	147
좁은백산차	118	제비꿀	133	나팔꽃	148
황산차	119	개별꽃	134	둥근잎나팔꽃	149
가솔송	119	큰개별꽃	134	미국나팔꽃	149
천남성	120	숲개별꽃	134	둥근잎미국나팔꽃	149
큰천남성	120	보현개별꽃	135	갯완두	150
섬남성	121	별꽃	135	새완두	151
반하	121	쇠별꽃	135	얼치기완두	151
피나물	122	덩굴별꽃	136	돌콩	151
한계령풀	123	자주덩굴별꽃	136	새콩	151
할미꽃	124	뚜껑별꽃	137	여우팥	151
동강할미꽃	125	개찌버리사초	138	살갈퀴	151
현호색	128	그늘사초	138	고들빼기	152
갈퀴현호색	129	삿갓사초	138	두메고들빼기	152
흰갈퀴현호색	129	매자기	139	왕고들빼기	152
댓잎현호색	129	네모골	139	씀바귀	153
빗살현호색	129	하늘지기	139	흰씀바귀	153
애기현호색	129	지채	140	갯씀바귀	153
점현호색	129	흰개수염	141	괴불나무	154
개감수	130	갯까치수염	142	올괴불나무	154
대극	130	까치수염	143	왕괴불나무	155
두메대극	131	큰까치수염	143	길마가지나무	155

구슬이끼	156	매화노루발	173	왜솜다리	191
깃털이끼	156	노루삼	174	멀꿀	192
우산이끼	157	노루오줌	175	으름덩굴	193
솔이끼	157	당개지치	176	민들레	194
금강애기나리	158	모래지치	177	서양민들레	196
큰애기나리	159	반디지치	177	흰노랑민들레(토종)	197
죽대아재비	159	지치	177	산민들레(토종)	198
금낭화	160	대성쓴풀	178	좀민들레(토종)	198
꽃마리	161	네귀쓴풀	178	흰민들레(토종)	199
참꽃마리	161	자주쓴풀	178	서양금혼초	199
꿩의다리	162	큰잎쓴풀	179	백선	200
꿩의다리아재비	163	쓴풀	179	백작약	201
금꿩의다리	164	흰자주쓴풀	179	산작약	201
은꿩의다리	165	돌단풍	180	벌노랑이	202
자주꿩의다리	165	동의나물	181	서양벌노랑이	203
꿩의밥	166	두루미꽃	182	봄맞이	204
참비녀골풀	166	풀솜대	183	금강봄맞이	204
나도개감채	167	둥굴레	184	갯봄맞이	205
나도수정초	168	용둥굴레	185	산괴불주머니	206
너도수정초	168	층층둥굴레	185	눈괴불주머니	206
수정난풀	169	때죽나무	186	염주괴불주머니	207
구상난풀	169	쪽동백	187	자주괴불주머니	207
애기버어먼초	169	떡쑥	188	솜나물	208
나도옥잠화	170	들떡쑥	189	수영	209
옥잠화	171	왜떡쑥	189	애기수영	209
노루발	172	솜다리	190	애기풀	210

원지	211	선주름잎	231	달구지풀	245
앵초	212	쥐손이풀	232	함박꽃나무	246
큰앵초	213	세잎쥐손이풀	232	헐떡이풀	247
흰앵초	214	큰세잎쥐손이풀	232	호자나무	248
연복초	215	꽃쥐손이	233	홀아비꽃대	249
연영초	216	미국쥐손이풀	233	옥녀꽃대	249
큰연영초	217	이질풀	234	가는장구채	250
으아리	218	둥근이질풀	235	갯장구채	250
큰꽃으아리	219	흰둥근이질풀	235	장구채	251
은방울꽃	220	태백이질풀	235	끈끈이장구채	251
이팝나무	221	쥐오줌풀	236	갯기름나물	252
자주개자리	222	참기생꽃	237	갯방풍	253
개자리	223	질경이	238	골무꽃	254
잔개자리	223	개질경이	238	흰골무꽃	255
정향풀	224	갯질경이	239	떡잎골무꽃	255
개정향풀	225	창질경이	239	그늘골무꽃	256
조개나물	226	털질경이	239	수골무꽃	256
아주가	227	처녀치마	240	흰수골무꽃	256
금창초	227	칠보치마	241	참골무꽃	257
족도리풀	228	천마	242	참배암차즈기	257
각시족도리풀	228	초종용	243	기장대풀	258
무늬황록족도리풀	229	토끼풀	244	띠	259
선운족도리풀	229	붉은토끼풀	244	갯잔디	259
황록선운족도리풀	229	노랑토끼풀	244	솔새	260
주름잎	230	선토끼풀	245	개솔새	261
누운주름잎	230	산토끼꽃	245	조개풀	261

주름조개풀	261	흑삼릉	281	병풍쌈	297
수크령	262	통발	282	개병풍	297
강아지풀	262	참통발	282	땅귀개	298
나도바랭이	262	들통발	283	자주땅귀개	298
억새	263	기바통발	283	흰자주땅귀개	299
꿀풀	264	마름	284	이삭귀개	299
흰꿀풀	265	세수염마름	284	땅채송화	300
끈끈이귀개	266	올챙이솔	285	바위채송화	302
끈끈이주걱	267	물질경	285	돌나물	303
나문재	268	자라풀	285	마타리	304
칠면초	268	구와말	286	금마타리	305
퉁퉁마디	269	민구와말	286	돌마타리	306
해홍나물	269	물아카시아	287	뚝갈	307
노랑개아마	270	물양귀비	287	며느리밑씻개	308
개아마	271	물달개비	288	고마리	308
아마	271	물옥잠	288	며느리배꼽	308
노랑어리연	272	사마귀풀	289	미꾸리낚시	309
어리연꽃	274	소귀나물	289	나도미꾸리낚시	309
가시연	275	개미탑	290	넓은잎미꾸리낚시	309
빅토리아연	275	물수세미	291	민백미꽃	310
백련	276	남오미자	292	선백미꽃	310
홍련	277	낭아초	293	검은솜아마존	311
수련	278	큰낭아초	293	솜아마존	311
각시수련	279	노린재나무	294	범꼬리	312
순채	279	돌가시나무	295	호범꼬리	313
조름나물	280	도깨비부채	296	뻐꾹채	314

조뱅이	315	호자덩굴	333	낚시돌풀	352
지칭개	315	갯패랭이꽃	334	남가새	353
산비장이	316	구름패랭이꽃	336	능소화	355
엉겅퀴	317	술패랭이꽃	336	담자리꽃나무	356
바늘엉겅퀴	318	거문도닥나무	337	도라지	358
지느러미엉겅퀴	319	계요등	338	애기도라지	359
큰엉겅퀴	319	구름범의귀	339	돌부추	360
동래엉겅퀴	320	나도범의귀	339	부추	360
정영엉겅퀴	321	금매화	340	산부추	361
고려엉겅퀴	321	큰금매화	341	동자꽃	362
버들잎엉겅퀴	321	꼬리풀	342	제비동자꽃	363
산마늘	322	구와꼬리풀	343	털동자꽃	363
수염가래꽃	323	부산꼬리풀	343	흰동자꽃	363
약모밀	324	봉래꼬리풀	343	두메양귀비	364
삼백초	324	흰꼬리풀	344	땅나리	366
메밀꽃	325	냉초	345	말나리	367
왕과	326	개버무리	346	솔나리	368
돌외	326	갯금불초	347	흰솔나리	369
산외	327	꼭두서니	348	하늘말나리	370
정선황기	328	가지꼭두서니	348	누른하늘말나리	371
염주황기	328	참갈퀴덩굴	349	중나리	372
좀가지풀	329	선갈퀴	349	털중나리	373
좁쌀풀	330	나도하수오	350	참나리	374
참좁쌀풀	331	삼도하수오	350	날개하늘나리	374
앉은좁쌀풀	332	닭의덩굴	351	뻐꾹나리	375
큰산좁쌀풀	332	큰닭의덩굴	351	흰뻐꾹나리	375

마삭줄	376	시호	398	미역취	418
만삼	377	개시호	399	미국미역취	418
더덕	377	섬시호	399	개미취	419
매발톱	378	종덩굴	400	벌개미취	419
하늘매발톱	379	세잎종덩굴	401	좀개미취	419
문주란	380	쥐방울덩굴	402	단풍취	420
물싸리	382	큰조롱	404	수리취	420
부처꽃	383	넓은잎큰조롱	405	좀딱취	420
미국좀부처꽃	383	세포큰조롱	405	구슬꽃나무	421
왜우산풀	384	박주가리	406	누린내풀	422
어수리	385	흑박주가리	408	달맞이꽃	423
고추나물	386	왜박주가리	408	애기달맞이꽃	423
애기고추나물	387	덩굴박주가리	409	닭의장풀	424
채고추나물	388	큰백령풀	410	덩굴닭의장풀	424
좀고추나물	389	털백령풀	411	좀닭의장풀	425
물고추나물	389	하늘타리	412	애기닭의장풀	425
흰물고추나물	389	노랑하늘타리	412	담배풀	426
새박	390	황근	413	여우오줌	426
뚜껑덩굴	391	각시취	414	우단담배풀	426
솔나물	392	분취	415	닻꽃	427
수박풀	393	은분취	415	대나물	428
순비기나무	394	두메분취	415	끈끈이대나물	428
쉽싸리	396	곰취	416	두메투구꽃	429
익모초	397	화살곰취	416	땅빈대	430
꽃층층이꽃	397	서덜취	417	애기땅빈대	430
층꽃나무	397	참취	417	큰땅빈대	431

마디풀	431	박하	454	송이풀	468
만수국아재비	432	산박하	455	흰송이풀	468
비수리	433	배초향	455	마주송이풀	468
작살나무	434	향유	456	나도송이풀	469
좀작살나무	434	가는잎향유	456	흰나도송이풀	469
장구밤나무	435	꽃향유	457	구름송이풀	469
무릇	436	흰꽃향유	457	쉬나무	470
흰무릇	436	백부자	458	쉬땅나무	471
석산(꽃무릇)	438	진범	459	싸리	472
물매화	440	흰진범	459	조록싸리	472
바늘꽃	442	투구꽃	460	개싸리	472
돌바늘꽃	443	흰투구꽃	460	괭이싸리	473
분홍바늘꽃	443	노랑투구꽃	460	좀싸리	473
바디나물	444	각시투구꽃	461	광대싸리	473
섬바디	444	세뿔투구꽃	461	여뀌	474
참당귀	445	놋젓가락나물	461	흰꽃여뀌	475
강활	445	큰제비고깔	462	가는개여뀌	476
바위돌꽃	446	흰제비고깔	462	가시여뀌	477
둥근바위솔	448	병아리풀	463	꽃여뀌	478
바위솔	449	흰병아리풀	463	바보여뀌	478
좀바위솔	449	병조희풀	464	이삭여뀌	478
난쟁이바위솔	449	자주조희풀	465	장대여뀌	479
정선바위솔	451	새삼	466	여뀌바늘	479
바위떡풀	452	실새삼	466	물여뀌	479
바위취	453	속단	467	털여뀌	480
참바위취	453	흰속단	467	여로	482

푸른여로	483	까치깨	504	산오이풀	526
흰여로	483	수까치깨	505	구름오이풀	527
원추리	484	꿩의비름	506	큰오이풀	527
자주꽃방망이	485	둥근잎꿩의비름	507	진득찰	528
흰자주꽃방망이	485	노랑도깨비바늘	508	털진득찰	529
잔대	486	도깨비바늘	509	진땅고추풀	530
진퍼리잔대	487	울산도깨비바늘	509	큰벼룩아재비	531
층층잔대	487	마편초	510	해란초	532
톱잔대	488	맥문동	511	좁은잎해란초	532
숫잔대	489	개맥문동	511	백리향	534
모시대	490	물봉선	512	섬백리향	535
흰모시대	491	가야물봉선	513	쑥부쟁이	536
금강초롱	492	노랑물봉선	514	까실쑥부쟁이	538
섬초롱꽃	493	백운풀	516	미국쑥부쟁이	538
초롱꽃	493	긴두잎갈퀴	516	섬쑥부쟁이	538
촛대승마	494	석류풀	517	개쑥부쟁이	539
눈빛승마	495	큰석류풀	517	갯쑥부쟁이	539
털이슬	496	삽주	518	왕갯쑥부쟁이	539
말털이슬	497	큰꽃삽주	518	용담	540
쥐털이슬	497	솔체꽃	519	덩굴용담	540
풀거북꼬리	498	야고	520	비로용담	541
낙지다리	499	어저귀	521	흰비로용담	541
피막이	500	여우구슬	522	과남풀	541
황금	501	여우주머니	523	해국	542
구절초	502	오이풀	524	흰해국	542
가는잎구절초	503	가는오이풀	525	찾아보기	543

일러두기

1. 이 책에는 남한 각지에서 자생하는 꽃과, 백두산에서 촬영한 꽃을 함께 실었습니다.

2. 대부분은 야생화 초본이며, 꽃이 아름다운 목본도 함께 실었습니다. 흔하지만 아름다운 꽃, 쉽게 만나기 어려운 식물을 위주로 하였습니다.

3. 촬영 날짜와 촬영 장소를 적은 이유 : 보편적인 개화 시기와 달리, 자생지의 환경에 따라 개화 시기가 다른 경우가 많습니다. 이해를 돕기 위해 꽃을 촬영한 시기를 '월', 자생지는 시군 단위로 표시했습니다. 더러 자생지 보호를 위해 '도' 단위로 표시한 부분도 있습니다.

4. 식물의 배열 순서를 계절별(사진 찍은 순서)로 배열하고자 했습니다만, 같은 종이거나 이름이 비슷한 경우 또는 비교 특성이 있는 경우에는 사진을 찍은 시기와 상관없이 함께 배치한 부분이 있습니다.

5. 어려운 식물학적 용어 대신 쉽게 설명하고자 노력하였습니다. 도감 형식의 해설을 붙이기보다는 우리 야생화의 아름다움을 알리고자 하는 의도가 많음을 알려드립니다.

6. 식물의 생태 특징은 「국가생물종지식정보시스템」, 「야생화도감」, 「두산백과」를 기반으로 하고, 직접 사진을 찍으면서 살펴 본 개인의 견해를 반영하였습니다. 이 과정에서 식물의 변이나 견해 차이로 인한 오류가 있을 수 있음을 알려드립니다.

우리 땅에 피는 야생화

복수초

복수초 2월 울산 | 미나리아재비과 | 여러해살이풀 유기질이 풍부하고 습기와 햇빛이 잘 드는 숲속에서 자란다. 자생력이 강하여 북부지방의 추운 고지대나 남부지방의 더운 저지대에서도 잘 자란다. '얼음을 녹이며 피는 꽃'이라는 의미로 '얼음새꽃'이라고도 한다. 유독식물이지만 뿌리는 약으로 쓴다. 꽃말은 '영원한 사랑'.

복수초

이른 봄에 종종 눈 내린 뒤 아름다운 설화를 볼 수 있는데 한 해의 복을 다 받는 느낌이다.

복수초(녹화)

2월 울산 | 대부분의 복수초는 잎과 줄기가 진한 자주색을 띠는 반면 간혹 녹색을 띤 변이종이 보이기도 한다.

세복수초

3월 제주 | 미나리아재비과 | 여러해살이풀 | 잎이 발달한 뒤에 꽃이 피기 때문에 복수초와 또다른 매력이 있다. 제주도에 자생한다.

개불알풀

개불알풀 3월 구례 | 현삼과 | 두해살이풀 | 따뜻한 지방의 들판, 길가나 풀밭에서 자란다. 줄기와 잎에 털이 있으며 약간 도톰한 잎 가장자리는 유선형의 톱니 모양이다. 3~5월에 지름 5mm 정도 되는 연한 홍자색 꽃이 핀다. 열매 모양에서 '개불알풀'이라는 이름이 붙여졌다. 전초를 '파파납(婆婆納)'이라는 약재로 쓴다.

큰개불알풀

선개불알풀

큰개불알풀 5월 고창 | 현삼과 | 두해살이풀 | 충청도 이남의 양지바른 길가나 빈터의 다소 습기 있는 곳에서 군락을 이룬다. 꽃대가 길고 무리 지어 피므로 풍경이 아름답다. 꽃잎에 청색과 흰색이 그라데이션으로 들어 있다. **선개불알풀** 6월 옥천 | 현삼과 | 두해살이풀 | 개불알풀과 큰개불알풀은 가지가 땅을 기면서 자라는 반면 선개불알풀은 가지가 위로 서면서 자라 '선개불알풀'이라고 한다. 꽃 지름은 4mm 이내에 불과하고 꽃줄기도 거의 없어 줄기 끝의 잎에 파묻힌 듯 보인다.

너도바람꽃

너도바람꽃 3월 구미 | 미나리아재비과 | 여러해살이풀 | 키가 5cm 내외로, 바람꽃 종류 중에 가장 먼저 피며, 지역에 따라 2월에 피기도 한다. 바람꽃 종류는 아니지만 모습이 비슷해서 '너도 바람꽃이다'라는 의미의 이름인 듯하다. 흰색의 넓은 꽃받침이 있고 꽃받침 속에 긴 주걱 모양의 꽃잎이 있는데 끝이 2개로 갈라져 노란 꿀샘을 달고 있다. 종잇장보다 더 얇은 꽃받침이 눈과 얼음 속에서도 얼지 않고 견뎌 내는 걸 보면 자연의 경이로움이 느껴진다.

변산바람꽃

3월 경주 | 미나리아재비과 | 여러해살이풀 | 처음 발견된 지명을 따서 '변산바람꽃'이라고 부른다. 흰색 꽃받침 속에 퇴화된 통 모양의 꽃잎이 연한 녹색을 띠고, 꽃밥은 청색으로 많이 달려 있어 꽃을 더욱 돋보이게 한다. 특이한 아름다움이 있다.

꿩의바람꽃

4월 태백 | 미나리아재비과 | 여러해살이풀 | 가느다랗고 긴 줄기 끝에 비교적 큰 꽃을 달고 있다. 땅에 수분이 모자란다 싶으면 꽃대가 고개를 푹 숙이므로 사진을 찍기 어려울 때가 있다. 꽃말은 '덧없는 사랑'.

나도바람꽃

4월 영천 | 미나리아재비과 | 여러해살이풀 | '너만 바람꽃이냐, 나도 바람꽃이다.' 바람꽃 중에서는 비교적 늦은 5~6월에 꽃이 핀다. 더러 4월에 피는 지역도 있다. 우리나라 특산종이다.

남방바람꽃

만주바람꽃

남방바람꽃 4월 전남 | 미나리아재비과 | 여러해살이풀 | 경상북도 이남 또는 제주도에서 볼 수 있다. 바람꽃속 식물이 대부분 흰색이지만 남방바람꽃은 꽃 뒷면이 밝은 붉은색을 띠고 있어 꽃봉오리일 때가 더 예쁘다. 우리나라에선 특정 지역에서만 자라 인위적이거나 자연적으로 도태되는 일이 많은 멸종 위기 식물이다. **만주바람꽃** 4월 태백 | 미나리아재비과 | 여러해살이풀 | 만주에서 처음 발견되어 북방계 식물로 알려져 있으나 우리나라 각지의 따뜻한 지역에서 자생하고 있다. 바람꽃 중에서 꽃이 가장 작다.

들바람꽃

5월 태백 | 강원도 등 추운 지방의 높은 산에서 자란다. 키가 15cm가량으로 큰 편이서인지 다 자란 꽃은 무게를 견디지 못하고 비스듬히 누워 있다. 우리나라 특산종이다.

숲바람꽃

5월 태백 | 미나리아재비과 | 여러해살이풀 | 중부지방 고산지대 활엽수림의 습기 많은 곳에서 자란다. 꽃은 5월에 피고, 키는 15~25cm 정도 된다. 개체 수가 많지 않아 보호가 필요한 식물이다.

쌍동바람꽃

5월 태백 | 미나리아재비과 | 여러해살이풀 | 강원도 이북에서 자란다. 키는 25cm 정도이고, 5~6월에 흰색 꽃이 핀다. 한 줄기에 꽃이 2개씩 달려서 '쌍둥이바람꽃'이라고 한다.

태백바람꽃

회리바람꽃

태백바람꽃 5월 태백 | 미나리아재비과 | 여러해살이풀 | 회리바람꽃과 비슷하지만 꽃받침이 회리보다 넓고 뒤로 덜 젖혀진다. 꽃은 1개씩만 피고 꽃이 만개할수록 꽃받침이 흰색에 가깝게 변한다. 강원도 태백에서 처음 발견되어 '태백'이라는 이름이 붙었다. **회리바람꽃** 5월 영천 | 미나리아재비과 | 여러해살이풀 | 꽃이 필 무렵 좁은 꽃받침이 완전히 뒤로 젖혀져 있어 동그란 공 모양의 노란 꽃이 도드라져 보인다. 꽃대에 1~3개씩의 꽃을 달고 있다.

홀아비바람꽃

바람꽃

홀아비바람꽃 5월 태백 | 미나리아재비과 | 여러해살이풀 | 꽃대가 가늘고 긴데 그 끝에 꽃이 1개씩 달린 모습이 외로운 홀아비처럼 보여 붙여진 이름이다. 습기가 많은 곳에서는 무리 지어 자라 하얀 꽃밭을 이루므로 전혀 외롭지 않아 보인다. **바람꽃** 7월 양양 | 미나리아재비과 | 여러해살이풀 | 바람꽃 중에서 가장 늦게 핀다. 더운 시절에 피어서인지 바람꽃 중에서 키가 제일 크고 꽃이 화려하다. 설악산·지리산 등 유기질이 풍부한 고산지대에서 자란다.

노루귀

노루귀 3월 남원 | 미나리아재비과 | 여러해살이풀 | 전국의 숲속 낙엽수림 아래의 비옥한 땅에서 자란다. 3~4월에 잎이 나기 전에 연분홍색 꽃이 핀다. 이른 봄에 눈이 내리면 연약해 보이기만 한 이 어여쁜 꽃은 온몸으로 추위를 이겨 낸다. 꽃의 총포와 줄기에 털이 보송보송 나 있고, 우리가 꽃잎으로 알고 있는 것은 사실 꽃받침이다. 색과 상관없이 모두 '노루귀'라고 부르지만, 꽃받침이 청색이면 청노루귀, 흰색이면 흰노루귀, 분홍색이면 분홍노루귀라고도 한다. ※이 속의 식물은 환경에 적응하는 능력이 뛰어나 자생지에 따라 꽃의 색이 달라진다.

노루귀 흰색. 4월 태백. 잎과 꽃이 동시에 나오기도 한다.

노루귀 청색. 4월 구미

노루귀(녹화). 4월 보은

보춘화(춘란)

보춘화 2월 진도 | 난초과 | 상록성 여러해살이풀 | 동양란을 대표하는 난이다. 남부와 중남부 해안의 건조한 숲속에서 자란다. 3~4월에 연한 황록색 꽃이 줄기 끝에 한 송이씩 핀다. 열매는 곧추서며 길이는 5cm 정도 되고, 아래로 갈수록 가늘어진다. '춘란', '보춘란'으로 부르기도 한다. 꽃말은 '소박한 마음'.

쌀가루 모양의 씨앗이 퍼진 뒤에도 열매와 자루는 곧추서 있다. 꽃이나 잎 변이종은 원예종으로 애란인들의 사랑을 받는다.

감자난초

감자난초 5월 태백 | 난초과 | 여러해살이풀 | 전국의 깊은 산, 비옥하고 바람이 잘 통하는 반음지에서 자란다. 5~6월에 황갈색 꽃이 30~50cm가량 되는 줄기 끝에 총상꽃차례로 달린다. 입술꽃잎은 3갈래로 갈라지는데 가운데 조각이 훨씬 크고 흰색에 붉은 반점이 있다.

금난초

금난초 5월 울릉도 | 난초과 | 여러해살이풀 | 울릉도 및 경기도 이남 지역 산지 나무 그늘에서 자란다. 키는 40~70cm로 줄기가 곧추서고 잎은 매끈하다. 4~6월에 노란색 꽃이 핀다.

새우난초

새우난초 5월 태안 | 난초과 | 여러해살이풀 | 서남해안과 제주도의 산비탈, 숲속 그늘 비옥한 곳에서 자란다. 잎 끝은 뭉툭하거나 날카로우며 세로로 주름이 깊게 겹쳐진다. 4~5월에 잎 사이에서 꽃대가 나와 10여 개의 꽃을 단다. 꽃받침은 자주색이 도는 갈색이고, 꽃잎은 흰색이나 연한 적자색을 띤다. 꽃이 아름다워 훼손이 심하므로 보호가 필요한 식물이다. 전초 또는 뿌리줄기를 '구자련환초(九子連環草)'라는 약재로 쓴다.

석곡

석곡 5월 부안 | 난초과 | 상록성 여러해살이풀 | 바위 겉이나 노출된 큰키나무 줄기에 착생하여 자란다. 긴 타원형의 잎은 1~2장이으로, 끝이 뾰족하고 3개의 맥이 있다. 5~6월에 연한 자줏빛 꽃이 한쪽으로 치우쳐서 달린다. 입술 모양의 꽃부리는 윗부분이 3개로 갈라진다. 전초를 '석곡(石斛)'이라는 약재로 쓴다. 개체 수가 매우 적은 환경부 멸종 위기 야생식물 Ⅱ급이다.

약난초

약난초 5월 고창 | 난초과 | 여러해살이풀 | 내장산 이남의 해안과 섬 지역 낙엽수림 아래 비옥하고 습기 있는 곳에서 자란다. 잎은 1~2장이 긴 타원형으로 끝이 뾰족하고 3개의 맥이 있다. 5~6월에 연한 자줏빛 꽃이 한쪽으로 치우쳐서 달린다. 입술 모양의 꽃부리는 윗부분이 3개로 갈라진다. 비늘줄기를 '산자고(山慈姑)'라는 약재로 쓴다. 희귀 보호종이다.

자란

자란 5월 해남 | 난초과 | 여러해살이풀 | 전라남도 일부 지역과 제주도의 양지바르고 건조한 곳에서 자란다. 알뿌리에서 5~6개의 잎이 나와 서로 감싸고, 5~6월에 잎 사이에서 꽃대가 나와 6~7개의 홍자색 꽃이 핀다. 혀꽃은 가장자리가 안쪽으로 살짝 말려 도드라진 물결 모양으로 5개의 능선이 있다. '자란(紫蘭)'은 '자색을 띤 난초'라는 뜻이다.

나나벌이난초

나나벌이난초 7월 대구 | 난초과 | 여러해살이풀 | 전국의 산지 그늘 부식토가 많은 곳에서 자란다. 잎은 넓은 타원형으로 가장자리에 잔주름이 있다. 5~7월에 연녹색 또는 자갈색의 가는 꽃이 밑을 보고 핀다. 입술 모양 꽃부리는 1/4 정도에서 구부러져 있고 끝이 뾰족하다.

닭의난초

닭의난초 6월 부산 | 난초과 | 여러해살이풀 | 중부 이남의 산골짜기 해가 잘 드는 습지에서 다른 풀에 가려져 자란다. 잎은 넓은 피침형으로 잎맥이 뚜렷이 있다. 6~7월에 등황색 꽃이 피는데, 꽃받침은 긴 달걀형으로 끝이 뾰족하며 녹갈색이다. 입술 모양의 꽃부리는 흰색이며 홍자색 반점이 있다. 꽃이 닭 벼슬처럼 화려해서 붙여진 이름이다.

나도씨눈란

나도씨눈란 7월 태백 | 난초과 | 여러해살이풀 | 강원도와 경상남북도의 고산지대 나무 그늘에서 자란다. 잎은 피침형으로 아래 부분에 2개씩 난다. 6~7월에 연한 녹색의 꽃이 피는데, 포는 녹색이고, 순판은 3개로 갈라져 꽃잎과 길이가 비슷하다. 작고 볼품없는 꽃을 달고 있지만 그래도 난초이다. 전초를 '인삼과(人蔘果)'라는 약재로 쓴다.

병아리난초

구름병아리난초

병아리난초 7월 옥천 | 난초과 | 여러해살이풀 | 전국의 계곡 바위에 이끼가 있어 습도가 유지되는 곳에서 잘 자란다. 잎은 줄기를 약간 감싸며 1장씩 달리고, 6~7월에 홍자색의 작은 꽃이 한쪽 방향으로 달린다. **구름병아리난초** 7월 태백 | 난초과 | 여러해살이풀 | 고산지대 침엽수림 아래서 자란다. 곤추서는 줄기 아래쪽에 타원형 잎이 2장 마주난다. 7~8월에 연한 홍색의 꽃이 줄기 끝에서 한쪽 방향으로 달린다. 꽃잎은 피침형이고 입술꽃잎은 좁은 쐐기형으로 3개로 갈라지며 흰색 안에 자주색 점이 있다. 환경부 멸종 위기 야생식물 II급이다.

사철란

사철란 7월 김천 | 난초과 | 상록성 여러해살이풀 | 다소 건조한 숲속에서 자라며, 자생지가 한정되어 있다. 잎에는 그물 같은 흰 맥이 있다. 7~9월에 붉은빛이 도는 흰색 꽃이 줄기 끝에 이삭꽃차례로 치우쳐 달린다. 꽃받침조각이 털도 안 난 아기새의 날개처럼 생겨 아주 귀엽다. 잎에 무늬가 있어 '알록난초'라고도 한다.

한국사철란

한국사철란 7월 태안 | 난초과 | 상록성 여러해살이풀 | 그늘 지고 습한 숲속에서 자라는 상록성 식물이다. 꽃은 연한 갈색이 섞인 흰색으로, 이삭모양꽃차례로 한쪽으로 치우쳐 어긋나며 달린다. 아직 '국가생물종정보시스템'에 이름이 올라 있지 않지만 우리나라 특산종이다.

손바닥난초

흰손바닥난초

손바닥난초 7월 백두산 | 난초과 | 여러해살이풀 | 고산 지역의 습기가 적당한 풀밭에 자란다. 줄기는 곧추서며 가지를 치지 않고 털이 없다. 7~8월에 연한 홍자색 꽃이 핀다. 자생지가 3~4곳에 불과하고 개체 수도 매우 적다. 뿌리가 손바닥 모양이다. 흰손바닥난초 7월 백두산 | 난초과 | 여러해살이풀 | 손바닥난초와 거의 같은데 꽃이 흰색이다. 손바닥난초가 자라는 곳에 드물게 난다.

옥잠난초

옥잠난초 7월 영천 | 난초과 | 여러해살이풀 | 전국의 숲속에 분포한다. 줄기와 잎은 나나벌이난초와 비슷하고, 꽃은 입술꽃잎이 나나벌이난초보다 넓으며, 중앙부에 홈이 있고 끝이 둥근 선형이다. 6~7월에 자줏빛이 도는 연녹색의 꽃이 핀다.

타래난초

타래난초 6월 부산 | 난초과 | 여러해살이풀 | 전국 각지의 습기 있고 배수가 잘되는 양지바른 풀밭, 산소 주변에서 잘 자란다. 5~8월에 연한 붉은색 또는 흰색 꽃이 핀다. 입술꽃이 나선형으로 꼬인 줄기에 돌려나는 모습이 실타래 같아서 '타래난초'라고 한다.

타래난초(위) 붉은색 꽃과 흰색 꽃 타랜난초(아래 왼쪽) 흰색과 붉은색 꽃이 어울려 있다. 타래난초(아래 오른쪽) 타래난초 색 변이.

잠자리난초

잠자리난초 7월 부산 | 난초과 | 여러해살이풀 | 전국의 양지바른 습지에서 자란다. 6~8월에 흰색 꽃이 줄기 윗부분에 15개 내외로 무리 지어 달린다. 입술 모양의 꽃잎은 중앙에서 3개로 갈라지고 아래로 날개가 달린 잠자리 꼬리 같은 긴 꼬리가 있다. 좌우 꽃잎 2개는 양쪽으로 펼쳐져 있다.

개잠자리난초

넓은잎잠자리란

개잠자리난초 7월 영월 | 난초과 | 여러해살이풀 | 전국의 양지바른 습지에서 자란다. 잠자리난초와 비슷하나, 3개로 갈라진 꽃잎 중 좌우 두 장은 뒤로 젖혀지며 위를 향한다. 밑으로 처진 긴 꼬리도 잠자리난초보다 짧다. **넓은잎잠자리란** 7월 태백 | 난초과 | 여러해살이풀 | 50cm까지 자라는 줄기는 곧추선다. 꽃은 연한 녹색이며 줄기 끝에 작은 꽃들이 촘촘하게 달린다. 꽃받침은 타원형으로 옆쪽이 약간 길다. 입술꽃잎은 밑에서 3개로 갈라지고 흰색의 꿀주머니가 있다.

흰제비란

흰제비란 7월 남원 | 난초과 | 여러해살이풀 | 잎은 피침형으로 어긋난다. 꽃은 흰색으로 줄기 끝에 이삭꽃차례로 빽빽히 달리며 꽃받침은 꽃잎 모양이다. 입술꽃잎은 혀 모양으로 타원형이며, 꿀주머니는 밑으로 처진다.

하늘산제비란

나도제비란

하늘산제비란 6월 태안 | 난초과 | 여러해살이풀 | 황록색의 꽃이 피는 하늘산제비란은 꿀주머니가 하늘을 향해 치켜들고 있다. 자생지가 많지 않은 보호가 필요한 식물이다. ※'국가생물종지식정보시스템' 미등록종이다. 나도제비란 | 5월 지리산 | 난초과 | 여러해살이풀 | 깊은 산지의 나무 그늘 습기 많은 곳에서 자란다. 5~9월에 연한 홍색의 꽃이 핀다.

대흥란

대흥란 7월 경북 | 난초과 | 여러해살이풀 | 7~8월에 흰색이 섞인 홍자색 꽃이 피며, 꽃받침조각은 거꿀달걀형으로 끝이 보리의 끝처럼 뾰족하다. 입술꽃잎은 쐐기 모양으로 끝이 미세하게 3개로 갈라진다. 잎은 없으며 부생식물이다. 환경부 멸종 위기 야생식물 Ⅱ급으로 지정된 희귀 식물이다.

제주무엽란

제주무엽란 6월 제주 | 난초과 | 잎이 없는 부생 식물로, 제주도 상록 활엽수림 아래에서 자란다. 키는 10~20㎝ 정도이며, 6~8월에 꽃이 핀다.

지네발란

지네발란 8월 전남 | 난초과 | 여러해살이풀 | 나무나 암석 바위 위에 착생해서 자라는 상록 착생란이다. 어긋난 잎은 딱딱하며 표면에 울퉁불퉁한 홈이 있다. 6~7월에 꽃이 피는데, 꽃받침조각은 긴 타원형이고, 꽃잎은 꽃받침과 비슷한 길이로 홍색이며 옆으로 퍼진다. 입술 모양 꽃부리는 거(꿀주머니)가 주머니 모양이며 흰색이다. 환경부 멸종 위기 야생식물 Ⅱ급이다.

해오라비난초

해오라비난초 8월 충남 | 난초과 | 여러해살이풀 | 중남부의 양지바르고 물이 차가운 습지에서 잘 자란다. 7~8월에 해오라비의 날개를 연상시키는 화려한 꽃이 핀다. 관상 가치가 높아 남획도 심하고, 관상용으로 재배도 한다. 환경부 멸종 위기 야생식물 Ⅱ급이다.

복주머니란

복주머니란 6월 정선 | 난초과 | 여러해살이풀 | 전국의 숲속 반음지나 양지바른 낙엽수림에서 자란다. 5~7월에 꽃이 핀다. 환경부 멸종 위기 야생식물 II급이다.

노랑복주머니란

미색복주머니란

노랑복주머니란 7월 백두산 | 난초과 | 여러해살이풀 | 북부지방의 산지에서 자란다. 식물 전체에 잔털이 있고 키는 40cm 정도이다. 6~8월에 미색 꽃이 핀다. **미색복주머니란** 7월 백두산 | 난초과 | 여러해살이풀 | 백두산 자락 700m 지점의 신갈나무숲에서 자란다. 식물 전체에 잔털이 있고 키는 40cm 정도이다. 6~8월에 노란 꽃이 핀다.

산서복주머니란

양머리복주머니란

산서복주머니란 7월 백두산 | 난초과 | 여러해살이풀 | 중국 산서 지방에서 처음 발견되어 붙여진 이름이다. 백두산 근처 경사진 풀밭에서 자란다. 5~7월에 꽃이 핀다. 국명은 없다. 양머리복주머니란 7월 백두산 | 난초과 | 여러해살이풀 | 백두산에 자생하며, 키는 60cm 정도로 자란다. 2002년 백두산에서 처음 발견됐으며, 꽃이 양의 머리를 닮아 이름이 지어졌다.

얼치기복주머니란

연분홍복주머니란

얼치기복주머니란 7월 백두산 | 난초과 | 여러해살이풀 | 노랑복주머니란과 복주머니란의 교잡종으로 5~6월에 꽃이 핀다. 아직 국명은 없다. 연분홍복주머니란 7월 백두산 | 난초과 | 여러해살이풀 | 정식 명칭이 아니며, 흰색과 분홍색 꽃이 피는 것은 통틀어 '복주머니란'이라고 한다.

분홍털복주머니란

털복주머니란

분홍털복주머니란 7월 백두산 | 난초과 | 여러해살이풀 | 강원도 이북에 자생한다. 키는 30cm 정도이며, 식물 전체에 털이 있다. 털복주머니란 7월 백두산 | 난초과 | 여러해살이풀 | 강원도 태백 등 깊은 산지에서 자란다. 키는 30cm 정도이며, 식물 전체에 털이 있다. 5~7월에 꽃이 핀다.

광릉요강꽃

광릉요강꽃 5월 화천 | 난초과 | 여러해살이풀 | 경기도 광릉의 죽엽산 및 덕유산이나 강원도 북쪽 반음지 경사면에서 잘 자란다. 키는 20~40cm이다. 4~5월에 꽃 1개가 원줄기 끝에서 밑을 향해 달린다. 꽃 안쪽 밑부분에 털이 있으며 입술 모양의 꽃부리는 주머니 같고 흰색 바탕에 홍자색의 맥이 있다. 환경부 멸종 위기 야생식물 I급이다.

큰방울새란 / 흰큰방울새란

흰큰방울새란

큰방울새란 5월 경북 | 난초과 | 여러해살이풀 | 양지바르고 습한 산지에서 잘 자란다. 잎은 긴 타원형으로 끝과 밑은 좁다. 5~7월에 홍자색 꽃이 원줄기 끝에 1개씩 달리는데, 꽃잎에 진한 자주색의 맥이 있으며 꽃받침보다 약간 짧다. 입술꽃 부리는 안쪽과 가장자리에 골이 파인 돌기가 있다. **흰큰방울새란** 큰방울새란과 전체적으로 비슷한데, 흰색 꽃이 6~7월에 핀다.

방울새란

방울새란 6월 영천 | 난초과 | 여러해살이풀 | 양지바른 산지에서 자란다. 긴 타원형의 잎 표면에 윤기가 있다. 6~8월에 흰색 바탕에 연한 홍자색이 도는 꽃이 원줄기 끝에 1개씩 피는데, 꽃이 완전히 펼쳐지지 않는다.

한라새둥지란

한라새둥지란 5월 영광 | 난초과 | 여러해살이풀 | 한라산에서 처음 발견되었고, 전국 일부 지역에서도 서식하는 것으로 알려졌다. 습하고 그늘진 땅에서 자란다. 광합성을 하지 못해 뿌리가 약하고 색도 만들지 못하는 부생식물로, 개체 수를 늘리기가 힘들다. 키가 워낙 작아서 사진을 찍을 땐 땅바닥에 주저앉아 앵글파인더에 의존해야 한다. 빛도 부족해 빛이 들어오는 시간대를 기다려야 하는, 인내도 필요한 귀한 생명체이다. 환경부 멸종 위기 야생식물 II급이다.

으름난초

으름난초 7월 제주(위), 태안(아래) | 난초과 | 여러해살이풀 | 뿌리에 버섯의 균사가 들어가 자라는 기생식물로, 줄기는 곧추서며 단단한 갈색의 육질로 되어있다. 6~7월에 황갈색 꽃이 피는데, 꽃받침 뒷면은 갈색 털이 있으나 꽃에는 털이 없다. 열매가 장타원형의 으름 모양이어서 '으름난초'라고 부른다. 환경부 멸종 위기 야생식물 Ⅱ급이다.

백서향

백서향 3월 제주 | 팥꽃나무과 | 상록 활엽 관목 | 남부지방에서 자란다. 2~4월에 흰색 꽃이 전해에 나온 가지 끝에 모여 달린다. 꽃 전체에 잔털이 있다. 관상용으로 심어 가꾸기도 하며, 꽃을 '서향화(瑞香花)', 뿌리와 뿌리껍질을 '서향근(瑞香根)', 잎을 '서향엽(瑞香葉)'이라는 약재로 쓴다. 유사종인 '서향'은 정원수로 가꾼다.

삼지닥나무

삼지닥나무 3월 제주 | 팥꽃나무과 | 낙엽 활엽 관목 | 남부지방의 참나무류 숲 가장자리 반음지 비옥한 토양에서 잘 자란다. 월동이 불가능하여 남부지방에서 자란다. 4월에 노란색 꽃이 둥글게 모여 잎보다 먼저 핀다. 나무껍질은 회녹색이며 털이 있다. 굵은 황갈색 가지가 흔히 3개로 갈라져서 '삼지닥나무'라고 한다.

솔잎란

솔잎란 3월 제주도 | 솔잎란과 | 상록성 여러해살이풀 | 남부 해안 및 제주도의 바위에 붙어 산다. 초록색의 자잘한 가지가 솔잎과 비슷하여 한자명으로 '송엽란(松葉蘭)'이라고 하는 것을 우리말로 '솔잎란'이라고 한다. 환경부 멸종위기 야생식물 II급이다. 전초를 '석쇄파(石刷把)'라는 약재로 쓴다.

일엽초

일엽초 3월 제주도 | 고란초과 | 여러해살이풀 | 상록성으로 남부지방의 숲속 바위나 오래된 나무에서 자란다. 뿌리줄기는 옆으로 벋고 잎은 가죽질의 선형이며 가장자리는 매끈하다. 잎 뒷면에는 둥근 포자낭군이 2줄로 배열해 있다. 수분이 부족하면 잎 가장자리가 뒤로 말린다. 뿌리에서 잎이 단 1개가 나오므로 '일엽초(一葉草)'라고 한다.

앉은부채

애기앉은부채

앉은부채 3월 진안 | 천남성과 | 여러해살이풀 | 이른 봄에 잎보다 불염포가 먼저 나와 꽃이 핀다. 애기앉은부채 7월 영동 | 천남성과 | 여러해살이풀 | 이른 봄에 잎이 먼저 나와 배춧잎처럼 넓은 잎으로 자라다가 6월이 되면 시들어 휴면기로 들어간다. 7~8월이 되면 자갈색의 보트 같은 불염포(꽃을 덮을 만큼 큰 포)가 나와 그 속에서 꽃이 핀다.

산부채

산부채 7월 백두산 | 천남성과 | 여러해살이풀 | 북부지방 습지에서 자란다. 꽃은 6~7월에 피며, 양성으로서 화피가 없고 꽃차례는 긴 타원체이다.

각시붓꽃

각시붓꽃 4월 옥천 | 붓꽃과 | 여러해살이풀 | 산이나 산소 주변 등 배수가 잘되고 양지바른 토양에서 잘 자란다. 키는 5~15cm로 크지 않으며 숲속에 다소곳이 피어 있는 모습이 각시를 연상시킨다.

금붓꽃

노랑무늬붓꽃

금붓꽃 4월 경북 | 붓꽃과 | 여러해살이풀 | 키는 9~17㎝로 그리 크지 않으며 각시붓꽃과 비슷한데 꽃이 노란색으로 피고 잎에 묵은 잎을 달고 있다. 꽃이 아름다워 남획이 심해 개체 수가 계속 줄고 있다. 노랑무늬붓꽃 4월 태백 | 높은 산에서 자란다. 꽃은 꽃대에 2개씩 달리고 타원형의 흰색 꽃잎에 노란색 무늬가 있다. 우리나라 특산종으로, 환경부 멸종 위기 야생식물 Ⅱ급이다.

타래붓꽃

난쟁이붓꽃

타래붓꽃 5월 부산 | 붓꽃과 | 여러해살이풀 | 산지나 바닷가의 건조한 곳에서 자란다. 잎 끝이 날카롭고 살짝 비틀어져 있다. **난쟁이붓꽃** 6월 설악산 | 중국·러시아·내몽골 등 추운 지방에서 자라고, 우리나라에선 강원도 이북의 높은 산에서 자란다. 실제로 이 꽃은 흘림골 정상의 가파른 절벽에 피어 있는 것을 찍은 것이다.

등심붓꽃

등심붓꽃 3월 제주도 | 붓꽃과 | 여러해살이풀 | 지리적으로 일본과 대만에 분포하는데 제주도에서 귀화하여 야생화 되었다. 5~6월에 피는 꽃은 하루 만에 시들어 버린다. 흰꽃이 피는 것은 '흰등심붓꽃'이라고 한다.

꽃창포

꽃창포 7월 부산 | 붓꽃과 | 여러해살이풀 | 산과 들의 습지에서 자란다. 6~7월에 붉은빛이 도는 진한 자주색 꽃이 핀다. 키가 120cm 내외로 비교적 큰 키로 자란다.

대청부채

범부채

대청부채 8월 충남 | 붓꽃과 | 여러해살이풀 | 백령도와 대청도에 자생하는데, 육지에도 이식하여 식물원이나 수목원에서도 볼 수 있다. '얼이범부채'라고도 불린다. 범부채 8월 정선 | 붓꽃과 | 여러해살이풀 | 수목원이나 관광지에서 많이 봐서 그런지 야생에서 본 범부채가 새삼 귀하게 느껴진다. 꽃잎은 표범 무늬가 있고 잎은 밑둥에서부터 부채처럼 펼쳐져 있다.

노랑꽃창포

5월 낙동강 | 붓꽃과 | 여러해살이풀 | 연못가, 습지에서 자란다. 5월에 노란색 꽃이 핀다.

광대나물

광대나물 4월 대구 | 꿀풀과 | 두해살이풀 | 전국의 양지바른 들판에서 자란다. 장소도 가리지 않고, 이른 봄부터 늦가을까지도 꽃을 피운다. 꽃이 피기 전 어린순은 나물로 먹는다. 꽃이 서양 광대와 비슷하게 생겨서 '광대나물'이라고 부른다고 전해진다.

자주광대나물

자주광대나물 4월 옥천 | 꿀풀과 | 두해살이풀 | 유럽 원산의 귀화식물로, 목장의 빈터나 휴경지에서 군락을 이루어 자란다. 꽃이 광대나물과 비슷하고, 잎과 줄기가 자주색이어서 '자주광대나물'이라고 한다.

괭이눈

4월 태백 | 범의귀과 | 여러해살이풀 | 깊은 산 계곡의 서늘하고 습한 반음지에서 자란다. 꽃줄기엔 잔털이 없이 매끄럽고 반투명하다. 노란 꽃이 달린 주변으로 연노랑 잎이 있어 꽃을 담아 놓은 접시와도 같다. 꽃 모양이 고양이(괭이)의 눈동자를 닮아 '괭이눈'이라고 한다.

금괭이눈

4월 태백 | 범의귀과 | 여러해살이풀 | 진한 노란 꽃이 가운데 달리고 꽃 주변의 잎까지 금가루를 뿌려 놓은 듯 황금색을 띠고 있다. 습기가 많은 개울가나 산지에서 자라는데 야광 황금빛 때문에 꽃이 피어 있는 주변까지 환하게 만들어 준다.

애기괭이눈

4월 태백 | 범의귀과 | 여러해살이풀 | '애기'라는 이름처럼 괭이눈 종류 중 가장 작은 꽃과 잎을 가졌다. 물을 좋아하는 습성이 있어 산속 계곡 주변에서 자라는데 햇빛이 드는 날엔 보케로 담아도 좋다.

털괭이눈

5월 태백 | 범의귀과 | 여러해살이풀 | 깊은 산 습지, 계곡에서 자란다. 5월에 연한 황록색 꽃이 위를 향해 핀다.

흰괭이눈

4월 태백 | 범의귀과 | 여러해살이풀 | 산지의 습지나 물가에서 자란다. 꽃을 받치고 있는 잎이 모두 초록색이고 잎에 흰 털이 나 있다. 초록잎 위에 진노랑 꽃이 달려 있어 마치 구슬을 올려놓은 듯하다.

산괭이눈

5월 태백 | 범의귀과 | 여러해살이풀 | 잎과 꽃받침이 모두 초록색이며 크다. 그 위에 달린 노란색 수술이 마치 노란 점을 찍어 놓은 듯하다.

애기괭이밥

큰괭이밥

애기괭이밥 4월 태백 | 괭이밥과 | 여러해살이풀 | 꽃이 순백색에 줄무늬가 있는 고귀하고 예쁜 꽃이다. 전국의 산에 자생하지만 흔하지 않다. 하트 모양의 잎이 뿌리에서 나와 3개씩 달린다. **큰괭이밥** 4월 태백 | 괭이밥 종류 중에서 가장 큰 꽃이 피고 연한 황색의 꽃잎에 붉은 줄무늬가 있어 매력적인 꽃이다. 3개씩 달린 잎은 삼각형이다.

붉은괭이밥

5월 태백 | 괭이밥과 | 여러해살이풀 | 초봄부터 늦가을까지 진한 노란색 꽃이 핀다. 잎은 진한 자주색을 띠고 있다.

괭이밥

6월 태안 | 괭이밥과 | 여러해살이풀 | 전국 어디서나 볼 수 있다. 심지어 시멘트 틈에서도 자란다. 잎을 먹으면 시큼한 맛이 있어 '시금치풀'이라고도 한다. 신맛을 내는 성분은 옥살산이다.

자주괭이밥

4월 제주 | 괭이밥과 | 여러해살이풀 | 화단, 밭둑이나 길가에서 볼 수 있다. 꽃은 1년 내내(겨울에는 실내) 홍자색으로 핀다. 잎 사이에서 긴 화경이 나와 끝에 산형 또는 복산형으로 달린다.

깽깽이풀

깽깽이풀 4월 상주 | 매자나무과 | 여러해살이풀 | 뿌리에서 꽃줄기가 나와 꽃이 피면서 잎줄기도 나온다. 지역에 따라 보라색의 꽃잎에 자주색이나 노란색의 꽃술이 달리는데 꽃도 예쁘고 약효도 있다고 해서 남획이 심한 식물이다. 사람에게는 약이 되지만 강아지가 먹었을 땐 환각 작용이 있어 환각 상태의 강아지 울음소리를 따서 지은 이름이라는 얘기가 전해진다.

깽깽이풀

흰깽깽이풀

깽깽이풀(위) 4월 태안 | 흰깽깽이풀 4월 상주 | 매자나무과 | 여러해살이풀 | 꽃은 흰색이고 잎과 줄기는 초록색을 띠고 있다. 변이종이라 아주 드물게 볼 수 있다.

달래

달래 4월 태백 | 백합과 | 여러해살이풀 | 꽃은 붉은빛이 도는 흰색인데 너무 작아 사진을 찍으려면 공을 많이 들여야 한다. 달래는 대표적인 봄나물로, 알뿌리에는 마늘의 주성분인 알리신이 들어 있다.

산자고

산자고 4월 정선 | 백합과 | 여러해살이풀 | 남부지방의 양지바른 산이나 들에 주로 자생한다. 4~5월에 꽃이 핀다. 비늘줄기에는 녹말과 포도당 성분이 들어 있어 민간요법에서 치료약으로 사용한다. 비늘줄기를 '광자고(光慈姑)'라는 약재로 쓴다.

모데미풀

모데미풀 4월 태백 | 미나리아재비과 | 여러해살이풀 | 우리나라 특산종으로, 깊은 산 습기 많은 계곡 주변에 많이 피어 있다. 처음 발견된 곳이 지리산의 모뎀골이라고도 하고 운봉의 모데미마을이라고도 한다. 4~5월에 흰색 꽃이 핀다.

미치광이풀

노랑미치광이풀

미치광이풀 4월 금산 | 가지과 | 여러해살이풀 | 깊은 산 숲속 비옥하고 습기 있는 곳에 난다. 4~5월에 진한 자주색 꽃이 핀다. 뿌리줄기에 '스코폴라민'이라는 성분이 있어 파킨슨증후군의 치료에 쓰인다. 장기간 복용하면 중독성이 있어 '미친풀'이라고 부른다. 노랑미치광이풀 4월 금산 | 미치광이풀 꽃은 진한 자주색을 띠지만 이렇게 노란색을 띠는 종도 발견된다.

봄구슬붕이

구슬붕이

봄구슬붕이 4월 영동 | 용담과 | 여러해살이풀 | 전국의 양지바르고 습기 있는 곳에 자생한다. 4~5월에 연한 자주색 꽃이 핀다. 구슬붕이 4월 영동 | 용담과 | 여러해살이풀 | 전국 산지의 양지바르고 습기 있는 곳에 자생한다. 5~6월에 연한 자주색 꽃이 핀다.

삼지구엽초

삼지구엽초 4월 충주 | 매자나무과 | 여러해살이풀 | 중북부지방 산지 나무 밑에서 자란다. 가지 3개에 잎이 3개씩 달려 '삼지구엽초(三枝九葉草)'라고 한다. 4~5월에 황백색 꽃이 핀다. '음양곽(淫羊藿)'이라는 약재로 쓰인다.

솜방망이

솜방망이 5월 정선 | 국화과 | 여러해살이풀 | 전국의 양지바른 들판에 자생한다. 5~6월에 황색 꽃이 피는데 지름은 3~4cm 정도이고, 꽃송이 3~9개가 산방상 또는 산형으로 달린다. 전초를 '구설초(狗舌草)'라는 약재로 쓴다.

물솜방망이

5월 지리산 | 국화과 | 여러해살이풀 | 한라산이나 지리산 등 높은 지대 습지에서 자란다. 5~6월에 노랗게 피는 꽃 7~30개가 머리모양꽃차례로 달린다. 솜방망이와 함께 전초를 '구설초(狗舌草)'라는 약재로 쓴다.

민솜방망이

7월 태백 | 국화과 | 여러해살이풀 | 줄기는 곧추서고 털이 없거나 위쪽에만 약간 있다. 잎은 어긋나며 넓은 창 모양으로 가장자리에 불규칙한 톱니가 있고 양면에 털이 있다. 꽃은 적황색으로 피며 줄기 끝에 3~13개가 달린다. 꽃잎은 아래로 처지면서 핀다.

산솜방망이

8월 태백 | 국화과 | 여러해살이풀 | 깊은 산지에서 자라며 잎은 긴 타원형으로 가장자리엔 불규칙한 톱니가 있다. 잎과 줄기엔 짧은털과 거미줄 같은 흰 털이 나 있다. 8월에 적황색 꽃 2~8개가 원줄기 끝에 달린다. 수술과 암술은 위로 솟아 있으나 꽃잎은 아래로 처져 있다. 우리나라 특산종으로 보호한다.

양지꽃

4월 태백 | 장미과 | 여러해살이풀 | 산과 들판의 양지바른 곳에서 흔히 자란다. 식물 전체에 거친 털이 있고, 4~6월에 황색 꽃이 핀다. 어린순을 식용하고, 전초를 '치자연(雉子筵)'이 라는 약재로 쓴다.

민눈양지꽃

4월 태백 | 장미과 | 여러해살이풀 | 중부 이남의 습기 많은 숲속 반음지 에서 자란다. 잎 가장자리가 날카로 운 톱니 모양이다. 5~6월에 황색 꽃 이 피는데 꽃잎 안쪽에는 붉은색이 그라데이션으로 들어가 있다. 꽃말 그대로 '사랑스러운' 꽃이다.

나도양지꽃

5월 태백 | 장미과 | 여러해살이풀 | 중부 이북의 고산지대 낙엽수림 아 래 습하고 그늘진 곳에서 자란다. 잎 과 잎자루에 털이 있으며, 5~7월에 황색 꽃이 핀다. 우리나라 특산종이 다.

돌양지꽃

7월 밀양 | 장미과 | 표고 500m 이상 되는 높은 산 바위의 이끼 위에서 자란다. 6~7월에 지름 10mm 정도 되는 황색 꽃이 핀다. 꽃을 제외한 식물 전체에 누운 털이 있다. 자생지는 한국이다.

물양지꽃

8월 태백 | 장미과 | 전국의 깊은 산 냇가에서 자란다. 키가 100cm 가까이 크게 자라고 줄기 전체에 털이 있으며 잎맥이 깊이 파이고 가장자리가 예리한 톱니 모양이다. 7~8월에 황색 꽃이 취산꽃차례로 달린다. 어린순은 나물로 먹는다.

딱지꽃

7월 칠곡 | 장미과 | 여러해살이풀 | 개울가나 해변 근처의 들판에서 자란다. 줄기는 털이 많은 자주색이고, 어긋나는 잎은 뒷면에 털이 많고 깃꼴로 2회 갈라진다. 6~7월에 노란색 꽃이 핀다. 딱지처럼 바닥에 붙어 있다고 하나 줄기가 비스듬히 서 있는 것이 많다. 어린순을 식용하고, 전초 '위릉채(萎陵菜)'라는 약재로 쓴다.

얼레지와 노루귀

얼레지

얼레지 4월 태백 | 백합과 | 여러해살이풀 | 깊고 높은 산악 지대의 비옥한 숲속에서 주로 자라지만 따뜻한 이남 지역의 낮은 숲속에서도 무리 지어 자란다. 잎에는 자색 또는 흰색의 얼룩무늬가 있는데 이 때문에 '얼레지'라 부르는 듯하다. 꽃잎의 색은 자주색에 흰색이 섞였고 W형 무늬가 있는데 꽃잎이 뒤로 말려 도도한 매력을 풍긴다. 어린순을 식용하고, 비늘줄기를 약재로 쓴다. 꽃말은 '질투' 또는 '바람난 여인'이다.

흰얼레지

얼레지

나란히 피어 있는 얼레지. 왼쪽의 꽃이 흔히 볼 수 없는 분홍색을 띠고 있다.

우산나물

우산나물 4월 태백 | 국화과 | 여러해살이풀 | 전국의 야산에서부터 해발 1,000m 되는 고산지대까지, 숲속 반음지 습한 곳에서 군락을 이루어 자란다. 6~9월에 엷은 홍색 또는 흰색의 꽃이 핀다. 어린순을 식용하고, 전초를 '토아산(兎兒傘)'이라는 약재로 쓴다.

우산나물 새순

새순은 우산을 펼치기 직전의 모습과 비슷하다. 어린 잎의 흰 털은 자라면서 없어진다. 봄에 돋아나는 어린 순은 참나물처럼 향긋하면서 독특한 향기가 있다.

삿갓나물

5월 영천 | 백합과 | 여러해살이풀 | '삿갓풀'로도 불린다. 전국의 산지 숲 속 비옥한 그늘이나 반음지에서 잘 자란다. 줄기는 20~40cm로 자라며, 줄기 끝부분에 6~8개의 잎이 돌려나 그 가운데에서 꽃이 하나씩 달린다. 이름은 잎이 펼쳐진 모습이 삿갓을 닮아서 '삿갓나물'이라고 한다. 유독 식물이다.

자운영

자운영(흰색)

자운영 4월 창녕 | 콩과 | 두해살이풀 | 모내기 전 4~5월에 홍자색의 꽃이 피고, 논바닥에 써레질을 할 무렵 열매가 맺힌다. 자운영이 가득한 논에 써레질을 하면 훌륭한 녹비가 된다. 전초를 '홍화채(紅花菜)', 종자를 '자운영자(紫雲英子)'라는 약재로 쓴다. 예전엔 논에서 흔하게 볼 수 있었지만 지금은 거의 볼 수가 없다.

애기자운(털새동부)

두메자운

애기자운 4월 경산 | 콩과 | 여러해살이풀 | 경상북도 일부 지역의 양지바른 자갈땅에 자생한다. 꽃을 제외한 전초에 흰 털이 많으며, 꽃은 자운영과 비슷한데 매우 작아서 '애기자운'이라고 한다. 세계적으로 개체 수가 적은 희귀 식물이다. **두메자운** 7월 백두산 | 콩과 | 우리나라 특산종으로, 낭림산 이북의 고산지대에 자생한다. 짧은줄기에 잎은 깃꼴겹잎으로 달렸고, 잎 뒷면에 털이 있다. 7~8월에 홍자색 꽃이 피며, 드물게 흰색 꽃도 핀다.

제비꽃

제비꽃 4월 대구 | 제비꽃과 | 여러해살이풀 | 전국의 산과 들에 자생한다. 제비꽃과 식물은 종류가 매우 많다. 유럽에서는 아테네 여신을 상징하는 꽃으로 심어 가꾸었다고 한다. 제비꽃과 식물은 종류가 매우 많아 세심한 분류가 필요한데, 이 책에서는 큰 특징을 지닌 꽃만 몇 종류 실었다.

고깔제비꽃

4월 금산 | 산지 나무 그늘 또는 양지에서 자란다. 4~5월에 홍자색 꽃이 한쪽 방향으로 핀다. 꽃 필 무렵 뿌리에서 2~5개의 잎이 고깔처럼 말려서 나오므로 '고깔제비꽃'이라고 한다.

노랑제비꽃

5월 영천 | 전국의 산지 풀밭에서 자란다. 잎은 심장 모양이고 잎 가장자리는 물결 모양의 톱니가 있다. 4~6월에 노란색 꽃이 핀다.

둥근털제비꽃

4월 태백 | 산지에서 자란다. 4~5월에 연자주색 꽃이 핀다. 꽃대에 털이 있고, 둥근 열매에도 털이 있다. 전초를 '지핵도(地核桃)'라는 약재로 쓴다.

알록제비꽃

4월 옥천 | 전국의 양지바른 산비탈에서 주로 자란다. 4~5월에 홍자색 꽃이 핀다. 잎의 무늬가 알록달록하여 '알록제비꽃'이라고 한다.

털제비꽃

4월 옥천 | 전국의 양지바른 들판에서 자란다. 4~5월에 홍자색 꽃이 핀다. 식물 전체 짧게 퍼진 털이 있고, 잎은 삼각형으로 되지 않는다.

호제비꽃

4월 옥천 | 전국의 햇볕이 잘 드는 풀밭, 들판, 밭 근처, 특히 점토에서 흔히 자란다. 자주색 꽃이 3~4월에 피고 키는 7~15cm가량 자란다. 제비꽃에 비해 잎은 좁고 짧으며, 연보라색 꽃잎 안쪽에 털이 거의 없다.

남산제비꽃

4월 태백 | 전국 산지에서 자란다. 잎이 깃털 모양으로 잘게 갈라지고, 식물 전체에 털이 거의 없다. 4~6월에 흰색으로 피는 꽃은 안쪽에 자주색 맥이 있다.

잔털제비꽃

4월 옥천 | 중부 이남의 산지 숲 가장자리에서 자란다. 잎이 밑동에서 촘촘히 나고, 원줄기가 없으며, 식물 전체에 털이 있다. 4월에 흰색 꽃이 핀다.

태백제비꽃

5월 태백 | 전국 산지에서 자란다. 삼각상의 긴 타원형 잎은 가장자리에 톱니가 있다. 4~5월에 흰색으로 피는 꽃은 향기가 있고, 곁꽃잎 안쪽에는 털이 약간 있다.

조팝나무

4월 충주 | 장미과 | 낙엽 활엽 관목 | 함경남북도를 제외한 전국의 양지바른 산기슭에서 자란다. 4~5월에 피는 흰색 꽃은 향기가 매우 진하다. 꽃 핀 모양이 튀긴 좁쌀을 붙인 것처럼 보여서 '조팝나무(조밥나무)'라고 한다. 뿌리를 '소엽화(笑靨花)'라는 약재로 쓴다.

공조팝나무

4월 충주 | 장미과 | 낙엽 활엽 관목 |
전국적으로 분포한다. 4~5월에 흰색 꽃이 공 모양으로 뭉쳐 나며, 이 시기에 잎도 함께 난다.

산조팝나무

5월 태백 | 장미과 | 낙엽 활엽 관목 |
황해도, 강원도 이남의 산지 능선 바위 곁에서 작은 군락을 이룬다. 5월 중순~7월 말에 지름 8mm 정도 되는 흰색 꽃이 핀다.

긴잎산조팝나무

5월 태백 | 장미과 | 낙엽 활엽 관목 |
북부지방의 양지바른 산기슭이나 산중턱 바위틈에서 자란다. 산조팝나무에 비해 잎이 길다.

참조팝나무

꼬리조팝나무

참조팝나무 | 7월 태백 | 장미과 | 낙엽 활엽 관목 | 강원도에서 백두대간을 따라 지리산까지 분포한다. 5~6월에 줄기 끝에서 흰색과 홍색으로 구성된 꽃이 핀다. 꼬리조팝나무 | 7월 태백 | 장미과 | 낙엽 활엽 관목 | 5월 말~9월 중순에 붉은색 꽃이 줄기 끝에서 원뿔 모양으로 달린다. 꽃잎은 5갈래로 갈라져 원형에 가깝다. 꽃은 분홍색이고 수술이 꽃 잎보다 길다.

중의무릇

중의무릇(위) 4월 구미 | 백합과 | 여러해살이풀 | 중부지역의 비옥한 산지에서 자라는데, 햇빛을 받아야만 꽃을 활짝 피운다. 잎 두 장이 꽃대를 받치고 있는데 이는 꽃을 보호하기 위함이다. 중의무릇(녹화) 4월 태백 | 우연히 이 꽃을 발견하게 되었는데 중의무릇과 똑같지만 꽃만 색이 다르다. 그 어느 곳에서도 이 꽃에 대한 정보가 없어 중의무릇 변이종으로 생각된다.

진달래

진달래 4월 정선 | 진달래과 | 낙엽 활엽 관목 | 전국의 고산지대, 계곡, 바위틈, 산기슭 등 공기 좋은 곳이면 어디서나 잘 자란다. 3월 말~4월에 분홍색 꽃이 잎보다 먼저 핀다. 꽃잎을 날것으로 먹거나 술을 담그고, 꽃·뿌리·줄기잎을 '백화영산홍(白花映山紅)'이라는 약재로 쓴다.

진달래

꼬리진달래

꼬리진달래 7월 괴산 | 진달래과 | 상록 활엽 관목 | 강원도, 충청도, 경상도 일부 지역의 양지바른 산지에 자생한다. 키는 1~2m 정도로 가지가 많이 갈라지고, 6~8월에 흰색 꽃이 가지 끝에 뭉쳐 달린다. 5갈래로 깊이 갈라진 꽃잎 열편은 가장자리가 뒤로 살짝 말린다. 암술은 1개고 수술은 10개이며 꽃잎보다 길고 꽃밥은 진한 주황색이다. 가지·잎·꽃을 '조산백(照山白)'이라는 약재로 쓴다. 희귀 식물이다.

참꽃나무

참꽃나무 5월 한라산 | 진달래과 | 낙엽 활엽 관목 | 제주 한라산 특산종이다. 5~6월에 깔때기 모양의 붉은색 꽃이 피는데, 꽃송이가 크고 나무의 키가 커서 '참꽃나무'라고 한다. 일년생 가지에 있는 갈색 털은 자라면서 없어지며 가지가 자주색으로 된다.

좀참꽃

좀참꽃 7월 백두산 | 진달래과 | 상록 활엽 소관목 | 함경도 고산지대, 백두산의 해발 2,000m 이상 되는 곳에 자생한다. 나무의 키는 10cm 내외로 작다. 6~7월에 지름 2cm 정도 되는 홍색 꽃이 새 가지 끝에 1개씩 달린다.

백산차

좁은백산차

백산차 7월 백두산 | 진달래과 | 상록 소관목 | 백두산 지역 해발 1,000~1,700m의 숲속이나 습초지에서 자생한다. 일년생 가지에 털이 많다. 5~7월에 흰색 꽃이 핀다. **좁은백산차** 7월 백두산 | 진달래과 | 상록 소교목 | 백두산 지역에 자생한다. 백산차와 대체로 비슷한데, 잎이 좁고 잎 뒷면에 흰색 털이 있다.

황산차

가솔송

황산차 7월 백두산 | 진달래과 | 상록 활엽 관목 | 평안북도, 함경남북도의 고산에 자란다. 가지가 잘 갈라지며 일년생 가지는 적갈색이나 뒤에 회색이다. 전체에 둥근 선린편이 밀포한다. 5~7월에 적자색 꽃이 핀다. **가솔송** 7월 백두산 | 진달래과 | 상록성 활엽 소관목 | 함경도 고산지대, 백두산 지역에 분포한다. 7~8월에 홍자색 꽃이 피는데 겉에 털이 있다. 고산지대에서만 볼 수 있는 식물로, 북한에서는 천연기념물로 지정하였다.

천남성

큰천남성

천남성 4월 태백 | 천남성과 | 여러해살이풀 | 전국의 산지 습기 많은 그늘에서 자란다. 대롱 모양의 꽃받침은 끝이 구부러져 꽃을 덮고 있다. 5~7월에 꽃이 피고 진 뒤에 빨간색 열매가 포도송이처럼 달린다. 천남성과 식물은 약재로 이용하지만 맹독 식물이다. **큰천남성** 5월 영광 | 천남성과 | 여러해살이풀 | 전라남도, 경상남도 계곡이나 남쪽 섬 습기 많은 그늘에서 자란다. 5월에 꽃이 피는데, 꽃을 감싸고 있는 포는 진한 자주색 또는 연녹색이다.

섬남성

반하

섬남성 4월 울릉도 | 천남성과 | 여러해살이풀 울릉도 산지 숲속에서 자란다. 자생지가 매우 적으며 보호가 필요한 종이다. 반하 6월 구미 | 천남성과 | 여러해살이풀 '여름[夏]이 반쯤[半] 지날 무렵 꽃이 핀다'는 의미에서 '반하(半夏)'라고 한다. 꽃대 높이가 40cm 가까이 가늘게 자란다.

피나물

피나물 4월 태백 | 양귀비과 | 여러해살이풀 | 경기도 이북 산지 숲속에서 자란다. 잎과 줄기를 잘라 보면 붉은 액체가 나오는 것이 피와 닮아서 '피나물'이라고 한다. 4~5월에 황색 꽃이 핀다. 독성이 있으나 일부 지역에서 어린순을 나물로 먹으며, 뿌리를 '하청화근(荷靑花根)'이라는 약재로 쓴다.

한계령풀

한계령풀 4월 태백 | 매자나무과 | 여러해살이풀 | 한계령에서 처음 발견되어 '한계령풀'이라고 한다. 기온이 낮은 태백, 만항재, 유일사 등에서 자란다. 4~5월에 황색 꽃이 핀다. 환경부 지정 희귀종이다. 연약한 모습으로 추위와 바람을 이겨 내는 모습이 애처롭다.

할미꽃

할미꽃 4월 구미 | 미나리아재비과 | 여러해살이풀 | 전국의 양지바른 묘소, 풀밭에서 자란다. 식물 전체에 흰 털이 빽빽히 나 있고 꽃이 진 뒤 열매 뭉치가 할머니 머리카락처럼 보여 '할미꽃'이라 부른다. **노랑할미꽃** 4월 제천 | 무덤 근처 등지의 양지바른 곳에 핀다. 4월에 연노란색 꽃이 화경 끝에 한 송이씩 피어 만개할 때 고개를 숙인다.

동강할미꽃

동강할미꽃 3월 정선 | 미나리아재비과 | 여러해살이풀 | 이른 봄 강원도에서 자라며, 동강에서 처음 발견되었다. 꽃잎까지 털이 빽빽이 나 있다. 다양한 색의 꽃이 석회암 절벽에 피어 독특한 아름다움을 자아낸다. 꽃을 주변 환경과 함께 담으면 멋진 사진이 연출된다.

동강할미꽃

4월 동강. 꽃은 처음에는 위를 향해 피었다가 꽃대가 길어지며 옆을 향한다.

동강할미꽃

4월 동강. 동강할미꽃은 우리나라 특산종으로, 강원도 정선군을 중심으로 석회암 지역에 자생한다.

현호색

현호색 4월 진안 | 현호색과 | 여러해살이풀 | 꿀주머니가 달린 입술 모양의 홍자색 꽃이 피는데 입술 모양 쪽이 더 진한 홍자색으로 나타난다. 산속의 습기가 많은 곳에서 자라며 덩이줄기는 진통·진경제로 쓰인다. 다음에 적은 세부 모습은 정확하지 않을 수도 있음을 밝혀 둔다. 갈퀴현호색 5월 태백 | 국내에서만 자생하는 특산종으로 꿀주머니의 원통 옆에 갈퀴형의 날개가 달려 있다. 자주색 또는 남색 꽃이 핀다. 흰갈퀴현호색 5월 태백 | 갈퀴현호색과 다 같으며, 꽃이 흰색이다. 점현호색 5월 태백 | 잎에 흰 점이 많이 박혀 있다. ※댓잎현호색·애기현호색·빗살현호색은 2007년부터 현호색으로 통칭한다. 댓잎현호색 5월 태백 | 1~2회 갈라진 잎은 길고 가장자리가 밋밋하며 끝이 뾰족하다. 청자색 꽃이 핀다. 빗살현호색 5월 태백 | 작은 잎이 3장씩 나와 손바닥 모양으로 깊게 갈라진다. 하늘색과 보라색이 섞여 꽃이 피기도 한다. 애기현호색 4월 진안 | 꽃이 작고 흰색으로 나기도 하며 작은 잎은 깃꼴로 잘게 갈라진다.

갈퀴현호색

흰갈퀴현호색

점현호색

댓잎현호색

빗살현호색

애기현호색

개감수

대극

개감수 5월 태백 | 대극과 | 여러해살이풀 | 산지 숲속에서 자란다. 잎과 꽃의 색이 비슷하며, 5~7월에 피는 별 모양의 꽃에 암술과 수술이 따로 핀다. 군락을 이루지는 않고 여러 대의 줄기가 뭉쳐서 나온다. 대극과의 식물은 새순이 붉게 나온다. 유독식물이다. **대극** 4월 제주 | 대극과 | 여러해살이풀 | 산과 들에서 자란다. 6월에 꽃이 핀다. 대극과 식물에서 나오는 흰 유액은 독성이 있어 피부에 닿으면 피부병을 유발한다. 뿌리를 '대극(大戟)'이라는 약재로 쓴다.

두메대극

6월 부산 | 대극과 | 여러해살이풀 | 가지가 우산처럼 갈라지며 잎은 돌려나고 6~7월에 황록색 꽃이 핀다. 씨방은 둥글고 겉에 사마귀 같은 돌기가 많이 나 있다. 바닷가나 강 주변에 분포한다.

붉은대극

3월 금산 | 대극과 | 여러해살이풀 | 잎은 어릴 때 붉은색을 띤다. 긴 타원형의 줄기잎은 어긋나고, 끝이 뭉뚝하고 길이 9~10cm, 폭은 1.5cm이다.

등대풀

4월 제주 | 대극과 | 두해살이풀 | 봄에 자잘한 녹황색 꽃이 피며, 열매는 세 갈래로 갈라지듯 깊은 골이 져 있다. 줄기를 자른 단면에서 나오는 흰 즙은 독이 있다.

개미자리

나도개미자리

개미자리 5월 구미 | 석죽과 | 한해살이풀 | 마주나는 잎은 좁고 길고 뾰족하다. 꽃대와 꽃받침에 샘털이 있다. 5~7월에 흰색 꽃이 피는데, 온대 지역에서 꽃 피는 식물 중 가장 작다고 한다. 개미자리는 공원 주변, 보도 블럭, 모래땅 등 개미들이 잘 지나다니는 곳에서 잘 자란다는 뜻에서 유래된 듯하다. 전초를 '칠고초(漆姑草)'라는 약재로 쓴다. **나도개미자리** 7월 백두산 | 석죽과 | 여러해살이풀 | 북부 고산지대 돌밭에서 자란다. 7~8월에 흰색 꽃이 핀다.

유럽개미자리

제비꿀

유럽개미자리 5월 울산 | 꽃은 분홍색으로 꽃받침보다 길이가 짧다. 가지를 많이 치는 줄기는 땅을 기면서 자라고, 가지 위쪽은 위를 향해 선다. ※지리산 뱀사골에 대량으로 자생하는 것으로 알려져 있고, 이 꽃은 울산에서 촬영하였다.
제비꿀 5월 김천 | 단향과 | 여러해살이풀 | 뿌리에서 나온 가는 뿌리가 다른 식물체에 기생하여 자라고, 자신에게서도 영양분을 만들어 내는 반기생식물이다. 꽃받침 하부는 통형이고 상부는 흰색으로 꽃처럼 보인다. 열매 모양이 꿀단지처럼 생겨서 지은 이름으로, 꿀의 양은 아주 적다.

개별꽃

개별꽃 5월 태백 | 석죽과 | 여러해살이풀 | 신갈나무숲 가장자리에서 난다. 잎은 마주나고 줄기는 1~2개씩 나오는데 털이 약간 있다. 5월에 피는 흰색 꽃은 꽃잎이 5장이고 암술은 3개로 갈라지며, 황색 꽃밥이 달린 수술이 10개씩 난다. 이 꽃밥이 검붉은색이 되면 성냥개비 같다. 개별꽃은 종류가 많고, 서식 환경에 따라 변이가 있어 구분이 어렵다. 어린순을 식용하고, 덩이뿌리를 '태자삼(太子參)'이라는 약재로 쓴다.

큰개별꽃

4월 양양 | 석죽과 | 여러해살이풀 | 전국의 산지 축축한 나무 숲 아래나 계곡 근처에 자생한다. 줄기 마디 사이에 흰 털이 2줄로 나 있고 잎은 2장씩 마주나는데 마디가 짧아서 4장이 돌려나는 것처럼 보인다. 윗부분의 잎이 훨씬 크다. 4~6월에 흰색 꽃이 별처럼 달린다. 다른 개별꽃류에 비해서 잎이 커서 '큰개별꽃'이라고 한다.

숲개별꽃

5월 태백 | 석죽과 | 여러해살이풀 | 설악산, 북부지방의 고산지대에서 자란다. 잎 가장자리와 뒷면의 잎맥에 흰 털이 1열로 나 있으며 꽃줄기 바로 아래의 잎은 십자형으로 꽃대를 감싼 것처럼 보인다. 5~7월에 피는 흰색의 꽃은 꽃잎 끝이 살짝 갈라져 있다.

보현개별꽃

5월 영천 | 석죽과 | 여러해살이풀 | 꽃자루엔 연모가 한줄로 나 있으며 꽃받침은 5개로 하단부에 선모가 있다. 꽃잎은 거꿀달걀형으로 붉은색의 암술과 수술은 익을수록 검은자주색으로 변한다. 줄기는 덩굴성이면서 곧추선다.

별꽃

5월 대구 | 석죽과 | 두해살이풀 | 전국의 산과 들, 길가에서 흔히 볼 수 있다. 줄기는 밑에서부터 가지가 많이 갈라진다. 5~6월에 흰색의 꽃이 피는데 포가 잎처럼 보인다. 5장의 꽃잎이 다시 2개로 깊게 갈라져서 10장처럼 보인다. 암술대는 3개다.

쇠별꽃

6월 칠곡 | 석죽과 | 두해살이풀 | 별꽃에 비해 식물 자체가 크다. 꽃잎도 똑같이 생겼는데, 암술대가 5개인 점이 다르다. 어린순을 식용하고, 전초를 '아장초(鵝腸草)'라는 약재로 쓴다.

덩굴별꽃

자주덩굴별꽃

덩굴별꽃 9월 합천 | 석죽과 | 여러해살이풀 | 전국의 산골짜기나 개울가, 숲 가장자리에 난다. 키는 2m 가까이 벋어 나가며 가지가 많이 갈라진다. 7~8월에 흰색 꽃이 가지 끝에서 옆을 보고 피는데 처음엔 꽃받침이 통 모양이었다가 꽃이 만개할수록 절반까지 갈라진다. 열매는 검게 익는다. 어린순을 식용하고, 전초를 '화근초(和筋草)'라는 약재로 쓴다. **자주덩굴별꽃** 7월 합천 | 석죽과 | 여러해살이풀 | 잎과 줄기 모두 자주색을 띤다. 7~8월에 흰색 꽃이 가지 끝에 1개씩 달린다.

뚜껑별꽃

뚜껑별꽃 5월 제주도 | 앵초과 | 한해살이 또는 두해살이풀 | 우리나라 남부지방에 자생한다. 네모난 줄기는 길이가 10~30cm 정도이고 옆으로 벋다가 비스듬히 선다. 4~5월에 잎겨드랑이서 꽃자루가 나오고 그 끝에 꽃이 1개씩 달린다. '뚜껑별꽃'이라는 이름은 열매가 익으면 꽃받침 가운데 부분이 갈라지면서 뚜껑처럼 열리는 모습에서 유래했다.

개찌버리사초

5월 태백 | 사초과 | 여러해살이풀 | 잎은 짙은 녹색으로 밑부분의 엽초는 갈색이다. 줄기에서 제일 위의 긴 이삭은 수꽃이며 그 아래의 흰 실처럼 보이는 것은 암꽃이다.

그늘사초

5월 태백 | 사초과 | 여러해살이풀 | 전국의 건조한 풀밭이나 산지 숲속에서 크게 그루를 이룬다. 잎은 꽃이 핀 다음 길게 자라며, 4~6월에 꽃이 핀다. 전초를 '양호자초(羊胡髭草)'라는 약재로 쓴다.

삿갓사초

5월 태백 | 사초과 | 여러해살이풀 | 전국의 습지, 얕은 물가에서 잘 자란다. 잎은 두꺼우며 짙은 녹색이고, 5~7월에 꽃이 핀다.

매자기

5월 포항 | 사초과 | 여러해살이풀 | 전국의 습지, 연못가, 갯벌 근처에 자생한다. 줄기는 세모기둥으로 모여난다. 땅속 뿌리줄기 끝에 달린 덩이줄기가 발달하여 번식한다. 7~10월에 꽃이 핀다. 꽃자루 단면도 삼각형이며, 꽃은 줄기 끝에서 산방상으로 달린다. 덩이줄기를 '형삼릉(荊三稜)'이라는 약재로 쓴다.

네모골

8월 상주 | 사초과 | 여러해살이풀 | 중부지방의 저지대 습지에 자생한다. 줄기가 네모나서 '네모골'이라고 한다. 잎은 없으며 줄기 끝에 녹갈색의 꽃이삭이 원통 모양 피침형으로 달려 있다.

하늘지기

9월 함양 | 사초과 | 한해살이풀 | 전국의 논두렁이나 습기 있는 산기슭에서 자란다. 줄기는 아래에서 뭉쳐 나고, 잎은 아래 기부에 털이 있다. 7~10월에 흑갈색을 띤 꽃이삭이 2~3회 갈라지는 가지 끝에 달린다. 꽃이삭은 좁은 원통 모양으로 광택이 있다.

지채

지채 5월 포항 | 지채과 | 여러해살이풀 | 제주도와 동서 해안 갯벌에 군락을 이루어 자란다. 여러 대가 한 포기에서 나오며 잎은 뿌리에서 모여난다. 8~9월에 자줏빛이 도는 녹색의 꽃이 핀다. 꽃잎은 6개로 2개의 돌기가 되고 암술머리가 솔처럼 생겼다. 어린순을 식용하고, 전초를 '해구채(海韭菜)'라는 약재로 쓴다.

흰개수염

흰개수염 9월 상수 | 곡정초과 | 한해살이풀 | 강원도 이남의 평지 물가에서 자란다. 모여나는 잎은 선형으로 끝이 뾰족하다. 꽃대는 여러 대가 나와 7~8월에 꽃대 끝에 1개씩 반구형의 꽃이 핀다. 총포조각은 12~14개로 1줄로 배열되고 수술은 6개이며, 꽃밥은 검정색이다. 전초를 '곡정초(穀精草)'라는 약재로 쓴다.

갯까치수염

갯까치수염 5월 포항 | 앵초과 | 두해살이풀 | 남해안의 바닷가 반음지의 바위틈에서 단독 또는 무리 지어 자란다. 잎은 도톰하고, 가지는 밑에서 갈라지며 붉은 빛이 돈다. 7~8월에 피는 꽃은 아주 연한 홍색을 띤 흰색이다. 까치는 '가짜'라는 뜻으로, 까치수염은 '익은 벼 이삭을 닮은 가짜 이삭'이라는 뜻이라고 한다.

까치수염

8월 상주 | 앵초과 | 여러해살이풀 | 전국의 습기 있는 산비탈이나 길가에서 자란다. 줄기 전체에 부드러운 털이 밀생하고, 어긋나는 잎은 가장자리가 밋밋한 긴 타원형으로 뾰족하다. 6~8월에 흰 꽃이 줄기 끝에서 옆으로 굽은 총상꽃차례에 촘촘히 꼬리 모양으로 핀다. 어린순을 식용하고, 전초를 '낭미파화(狼尾巴花)'라는 약재로 쓴다.

큰까치수염

8월 상주 | 앵초과 | 여러해살이풀 전국의 숲 가장자리, 습기 있는 풀밭에 자란다. 6~8월에 원줄기 끝에서 한쪽으로 굽은 총상꽃차례가 나와서 흰색 꽃이 촘촘하게 핀다. 어린순을 식용하고, 전초를 '낭미파화'라는 약재로 쓴다.

홍도까치수염

8월 상주 | 앵초과 | 여러해살이풀 | 잎은 어긋나고 좁은 피침형으로 잎겨드랑이에 몇 개씩 달리기도 한다. 8월에 흰색의 꽃이 총상꽃차례로 둥글게 하늘을 향해 달린다. 홍도에서 처음 발견되어 '홍도'라는 이름이 붙었다. 산의 절개지에서 많이 자란다.

갯메꽃

갯메꽃 5월 포항 | 메꽃과 | 여러해살이풀 | 해안가 양지바른 모래땅에서 줄기를 벋어 가며 자란다. 잎은 오목한 둥근형으로 두껍고 광택이 난다. 5~6월에 연한 홍색의 꽃이 깔때기 모양으로 피는데 꽃잎 안쪽에는 5개의 흰색 선이 선명하게 나 있다. 어린순과 땅속줄기를 식용하고, 뿌리를 '효선초근(孝扇草根)'이라는 약재로 쓴다.

메꽃

메꽃 7월 대구 | 메꽃과 | 여러해살이풀 | 전국의 들판에서 흔히 볼 수 있다. 어긋나는 잎은 끝이 좁은 타원형으로, 잎 밑을 귀 같은 돌기가 있다. 6~8월에 연한 홍색의 꽃이 잎겨드랑이에서 나온 긴 꽃줄기 끝에 깔때기 모양으로 1개씩 위를 향해 핀다.

애기메꽃

선메꽃

애기메꽃 5월 부산 | 메꽃과 | 여러해살이풀 | 잎은 어긋나며 밑부분이 양쪽으로 뾰족해지는데 거기서 다시 2개로 갈라져 전체적으로 5개의 굴곡을 만든다. 꽃은 메꽃보다 작고, 흰색에 가까운 담홍색이다. 꽃자루 상부에 좁은 날개가 있다. 선메꽃 6월 대구 | 메꽃과 | 여러해살이풀 | 잎은 피침형으로 끝이 둔하고 밑은 화살촉 모양으로 귀가 약간 넓으며 줄기와 잎 양면에 털이 있으나 점차 없어지고 줄기에만 약간 남는다. 깔때기 모양의 꽃은 연한 홍색이며 포에는 털이 약간 있다.

나팔꽃

나팔꽃 10월 칠곡 | 메꽃과 | 한해살이풀 | 덩굴성 줄기는 아래를 향한 긴 털이 많고 심장 모양의 잎은 끝이 3개로 갈라지며 끝은 뾰족하고 털이 있다. 5개로 갈라진 꽃받침은 좁고 뾰족하며 뒷면에 긴 털이 있다. 7~8월에 피는 나팔 모양의 꽃은 흰색, 보라색, 남자색, 빨간색 등으로 색이 다양하다.

둥근잎나팔꽃

9월 황간 | 메꽃과 | 한해살이풀 | 나팔꽃과 같으나 잎 끝이 갈라지지 않고 넓은 심장형으로 끝이 뾰족하다. 7~10월에 피는 꽃은 청색 또는 붉은 색이다.

미국나팔꽃

9월 군위 | 메꽃과 | 한해살이풀 | 나팔꽃과 비슷하나 잎 끝이 3개로 깊이 갈라지면서 잎 열편도 달걀형이며 끝이 뾰족하다. 꽃받침은 좁고 끝이 뾰족한데 끝이 뒤로 젖혀지고 긴 털이 빽빽히 난다. 6~10월에 피는 담청색 꽃은 나팔꽃보다 약간 작다.

둥근잎미국나팔꽃

9월 군위 | 메꽃과 | 한해살이풀 | 미국나팔꽃과 생김새가 같으나 잎이 갈라지지 않고 넓은 심장형으로 끝이 뾰족하다.

갯완두

갯완두 5월 울산 | 콩과 | 여러해살이풀 | 해안가 모래땅에서 자란다. 타원형 잎은 어긋나고 덩굴손이 간혹 2~3개로 갈라지기도 한다. 적자색 꽃이 긴 꽃대에 어긋나게 피는데 총상꽃차례로 한쪽으로 치우쳐 있다. **새완두** 5월 칠곡 | 콩과 | 두해살이풀 | 덩굴져 자라며 작은 잎은 피침형으로 어긋난다. 끝은 덩굴손이 갈라지며 잎겨드랑이에서 길게 나온 꽃대에 연보라색 꽃이 나비 모양으로 핀다. 열매 표면에 털이 있고 씨앗은 2개씩 들어 있다. **얼치기완두** 5월 칠곡 | 콩과 | 한해살이풀 | 덩굴손이 다른 식물체를 감고 자라며 아주 작은 나비 모양의 홍자색 꽃이 긴 꽃자루 끝에 1~3개씩 달린다. 씨앗은 꼬투리 안에 3~6개 들어 있다. **돌콩** 8월 김천 | 콩과 | 한해살이풀 | 가는 줄기가 벋어 나가 다른 식물을 왼쪽으로 감고 올라간다. 연한 홍자색의 나비 모양 꽃이 뭉쳐서 핀다. 다 자란 것은 가축 사료로 사용하기도 한다. **새콩** 8월 김천 | 콩과 | 한해살이풀 | 가늘게 벋어나간 줄기는 전체에 밑으로 향한 흰색 털이 퍼져 있다. 긴 잎자루에는 갈색 털이 있다. 꽃은 나비 모양의 연한 자색이며 윗입술꽃잎은 진보라색이다. 폐쇄화가 땅속에서 열매를 맺는다. **여우팥** 8월 구미 | 콩과 | 여러해살이풀 | 세 장의 잎은 겹잎이며 잎자루가 길고 샘점이 있다. 꽃은 노란색의 나비 모양이다. 남부지방에 주로 자생한다. **살갈퀴** 5월 칠곡 | 콩과 | 두해살이풀 | 잎이 갈퀴 모양으로 갈라져 있어 붙은 이름이다. 흔한 식물이지만 어린순을 식용하고, 다 자란 것은 가축 사료로 쓴다. 콩이 익기 전에 꼬투리를 튀기거나 데쳐 먹고, 다 익으면 콩으로 먹는다.

새완두

얼치기완두

돌콩

새콩

여우팥

살갈퀴

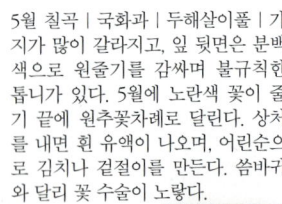

고들빼기

5월 칠곡 | 국화과 | 두해살이풀 | 가지가 많이 갈라지고, 잎 뒷면은 분백색으로 원줄기를 감싸며 불규칙한 톱니가 있다. 5월에 노란색 꽃이 줄기 끝에 원추꽃차례로 달린다. 상처를 내면 흰 유액이 나오며, 어린순으로 김치나 겉절이를 만든다. 씀바귀와 달리 꽃 수술이 노랗다.

두메고들빼기

8월 상주 | 국화과 | 두해살이풀 | 가지가 많이 갈라지고 잎은 끝이 길고 뾰족한 심장형으로 가장자리에 불규칙한 톱니가 있다. 잎은 원줄기를 완전히 감싼다. 꽃은 밝은 황색으로 핀다.

왕고들빼기

5월 칠곡 | 국화과 | 두해살이풀 | 줄기 전체에 털이 없고 잎은 깃 모양으로 날카롭고 깊게 갈라진다. 꽃은 노란색이 도는 흰색으로 핀다. 고들빼기보다 키가 많이 크다.

씀바귀

5월 칠곡 | 국화과 | 여러해살이풀 |
줄기나 잎, 뿌리를 잘랐을 때 나오는 흰즙은 강한 쓴맛이 나는데 이 쓴맛이 약효가 있다고 한다. 이른 봄에 전초를 나물로 먹는다. 씀바귀는 꽃 수술이 검은색이며 잎사귀도 줄기를 감싸지 않는다.

흰씀바귀

5월 대전 | 국화과 | 여러해살이풀 |
씀바귀꽃과 색깔만 다르다.

갯씀바귀

10월 포항 | 국화과 | 여러해살이풀 |
바닷가의 모래땅에서 자라고 줄기가 땅속에서 옆으로 길게 벋는다. 잎은 손바닥 모양이며 3~5개로 깊게 갈라진다. 꽃은 줄기 끝에서 노란색으로 2~5개씩 달린다.

괴불나무

올괴불나무

괴불나무 5월 금산 | 인동과 | 낙엽 활엽 관목 | 우리나라 평안도에서 충청북도에 이르는 백두대간의 숲속 음지에서 자라며 내한성이 강하다. 5~6월에 흰색 또는 노란색 꽃이 핀다. 가지 속이 비어 있으며, 일년생 가지에는 곱슬털이 있다. 올괴불나무 4월 금산 | 인동과 | 낙엽 활엽 관목 | 우리나라 경상남도를 제외한 전국에서 자란다. 활엽수림 그늘에서도 꽃이 피어 열매를 맺으며, 건조에는 약하나 내조성과 내공해성, 내한성이 강하다. 꽃은 3~4월에 연한 노란색 혹은 붉은색으로 잎보다 먼저 피는데, 지난해 가지 끝에 2개씩 달린다.

왕괴불나무

길마가지나무

왕괴불나무 4월 금산 | 인동과 | 낙엽 활엽 관목 | 경상도에 자생한다. 5~6월에 연한 노란색의 꽃이 잎겨드랑이에서 핀다. 잎 뒷면에 털이 있고, 황갈색 나무껍질은 약간 거칠게 벗겨진다. **길마가지나무** 4월 금산 | 인동과 | 낙엽 활엽 관목 | 우리나라 서해안 산록 양지의 바위틈에서 자란다. 꽃은 4월에 잎과 같이 피고 새로 나온 가지와 함께 잎겨드랑이에서 나와 밑을 향해 달린다. 나무껍질은 회갈색이며 일년생 가지에 굳센 털이 있다. 우리나라 특산종이다.

구슬이끼

깃털이끼

구슬이끼 5월 태백 | 구슬이끼과 | 산속 암벽이나 나무뿌리, 습기 많은 땅에서 덩어리를 이루며 자란다. 식물체는 모두 황록색으로 포자낭은 익으면 진한 갈색으로 변한다. 동글동글한 구슬 모양의 포자낭이 비스듬히 나오는 줄기에 1개씩 달린다. 포자낭 가운데에는 작은 구멍이 있는데 주변이 갈색이라 눈동자처럼 보인다. 깃털이끼 4월 태백 | 깃털이끼과 | 산속 부식토가 쌓인 암반이나 썩은 나무에서 모여 자란다. 줄기는 이어서 기면서 자라고 잎은 황록색 또는 암록색으로 줄기가 깃 모양이며 단단하다.

우산이끼

솔이끼

우산이끼 6월 옥천 | 우산이끼과 | 음습하며 암모니아 성분이 있는 곳에서 자라며, 줄기·잎·뿌리가 나가지 않은 엽상체에 있는 술잔 모양의 무성아기에서 포자가 나가 번식한다. 암술과 수술이 따로 나오는데 모양이 우산처럼 생겼다. 솔이끼 7월 태백 | 솔이끼과 | 청소용 솔 또는 솔잎을 닮았다. 뿌리는 헛뿌리로 몸을 지탱하기만 할뿐 영양분은 온 몸으로 흡수한다. 암수 딴그루로, 암그루 끝에 홀씨주머니가 있어 포자가 터지면서 번식한다.

금강애기나리

금강애기나리 5월 태백 | 백합과 | 여러해살이풀 | 고산지대에 산골짜기나 침엽수림 근처에 난다. 마주나는 잎은 긴 달걀 형으로 끝이 뾰족하다. 4~6월에 진한 홍자색 반점이 있는 연한 황백색 꽃이 피는데 꽃잎은 6~8장이고, 끝이 뾰족하면서 뒤로 젖혀져 있다.

큰애기나리

죽대아재비

큰애기나리 5월 영천 | 백합과 | 여러해살이풀 | 전국의 산지 비옥한 낙엽수림 아래에서 자란다. 키는 50cm까지 자라며 잎 길이도 12cm가량 된다. 5~6월에 연녹색 꽃이 긴 꽃대 끝에서 아래를 향해 핀다. 뿌리와 뿌리줄기를 '석죽근(石竹根)'이라는 약재로 쓴다. **죽대아재비** 6월 백두산 | 백합과 | 여러해살이풀 | 강원도 태백, 백두산 깊은 골짜기에 자란다. 키는 50~100cm가량이고, 넓은 종 모양의 녹백색 꽃이 잎겨드랑이에 1송이씩 달린다.

금낭화

금낭화 5월 진안 | 현호색과 | 여러해살이풀 | 습기 있는 반음지에서 잘 자란다. 현호색과 식물답게 잎이 현호색과 닮았다. 5~6월에 심장 모양의 홍색(또는 흰색) 꽃이 피는데, 가운데 흰색 주머니 속에는 암술과 수술이 들어 있다. 어린 순을 나물로 먹는다. '금낭화(錦囊花)'의 금낭은 '비단 금(錦)'과 '주머니 낭(囊)'으로, '비단주머니'라는 뜻이다.

꽃마리

참꽃마리

꽃마리 5월 태백 | 지치과 | 두해살이풀 | 습기 있는 들판이나 밭에서 자란다. 줄기 전체에 짧은 털이 있고, 4~7월에 연한 하늘색 꽃이 줄기 끝에 총상꽃차례로 달려서 끝이 돌돌 말려 있다. '잣냉이'라고도 한다. 참꽃마리 6월 구례 | 지치과 | 여러해살이풀 | 습기 있는 산과 들에 자란다. 줄기는 처음엔 서서 자라다가 10cm 이상 되면 지면을 따라 긴다. 5~7월에 연한 남색 꽃이 피는데 분홍색도 종종 발견된다. 수술은 꽃 가운데의 판통 속에 달려 있다.

꿩의다리

꿩의다리 5월 영천 | 미나리아재비과 | 여러해살이풀 | 전국의 산지에서 자란다. 키는 1~2m로 곧추서서 가지가 갈라지고, 잎은 거꿀달걀형으로 끝이 뭉툭하다. 타원형의 꽃받침 조각은 붉은색이 돌며, 꽃 피는 시기에 떨어진다. 꽃잎은 없고 수술이 많아 꽃처럼 보이며, 수술대 끝은 주걱 모양이다.

꿩의다리아재비

꿩의다리아재비 5월 영천 | 매자나무과 | 여러해살이풀 | 세계적으로 2종이 있으며, 그중 1종이 우리나라 중부 이북의 깊은 산에 분포한다. 분백색 줄기는 80cm 이상 곧추선다. 5~7월에 녹황색 꽃이 원줄기 끝에 원뿔모양꽃차례로 달린다. 꽃받침조각은 6개이다. 어린순을 식용하고, 뿌리와 뿌리줄기를 '홍모칠(紅毛漆)'이라는 약재로 쓴다.

금꿩의다리

금꿩의다리 8월 가평 | 미나리아재비과 | 여러해살이풀 | 중부 이북의 약간 깊은 산속 양지바르고 습기 있는 곳에서 잘 자란다. 털이 없는 줄기는 진한 자주색이며 곧추선다. 7~8월에 연한 자주색 꽃이 원뿔모양꽃차례로 핀다. 꽃잎처럼 보이는 홍자색의 꽃받침조각은 4개로 맥이 뚜렷이 나 있다. 수술과 암술은 개수가 많으며 황색을 띠고 있다.

은꿩의다리

자주꿩의다리

은꿩의다리 8월 밀양 | 미나리아재비과 | 여러해살이풀 | 잎은 네모난 타원형으로 가장자리는 결각상 톱니가 있다. 홍백색 수술 여러 개가 모여 타원 모양을 이룬다. 줄기가 녹색이다. **자주꿩의다리** 8월 밀양 | 미나리아재비과 | 여러해살이풀 | 달걀형 또는 원형의 잎은 3개로 갈라진다. 꽃밥은 자주색이고 수술대는 흰색으로 끝이 넓다. 줄기는 자주색이다.

꿩의밥

참비녀골풀

꿩의밥 4월 옥천 | 골풀과 | 여러해살이풀 | 전국의 산기슭이나 볕이 잘 드는 풀밭에서 자란다. 꽃은 4~5월에 피는데 노란색 꽃밥은 긴 타원형이고 수술대는 매우 짧다. 덩어리 같은 땅속줄기가 있다. 전초 또는 열매를 5~6월에 채취하여 '지양매(地楊梅)'라는 약재로 쓴다. **참비녀골풀** 4월 옥천 | 골풀과 | 여러해살이풀 | 전국의 습지에서 자란다. 꽃은 6~7월에 피며 꽃차례는 원줄기 끝에 달리고 첫째 포는 잎 같으며 꽃차례보다 짧고 머리모양꽃차례는 3~8개의 꽃으로 된다. 전초를 '등심초(燈心草)'라는 약재로 쓴다.

나도개감채

나도개감채 5월 태백 | 백합과 | 여러해살이풀 | 전국의 산과 들 양지바른 곳에서 자란다. 가늘고 길게 자라는 잎은 부추처럼 생겼다. 5~6월에 피는 흰색 꽃에는 녹색 줄이 몇 개씩 나 있다. 개체 수가 감소될 우려가 있는 종으로, 국외에 반출 시 승인을 받아야 하는 식물이다.

나도수정초

너도수정초

나도수정초 5월 영광 | 노루발과 | 여러해살이풀(부생식물) | 산지 숲속에서 자란다. 줄기는 곧게 서고, 잎은 퇴화되어 비늘 모양처럼 생겼으며, 봄에 종 모양의 흰색 꽃 한 개가 아래를 보고 핀다. 열매가 익을 때도 고개를 숙이고 있다. 암술대가 푸른빛을 띠고 암술 주변으로 노란 수술이 있다. ※부생식물은 스스로 광합성을 하지 못해 색이 없으며, 동식물이 썩어 생긴 부산물에서 영양분을 섭취한다. 너도수정초 7월 태백 | 노루발과 | 여러해살이풀(부생식물) | 7월경에 꽃이 피고, 줄기는 여러 대가 모여 나며 윗부분에 털이 있다. 구상난풀과 비슷하지만 너도수정초는 노란색이다.

수정난풀

8월 공주 | 노루발과 | 여러해살이풀 (부생식물) | 나도수정초와 흡사하지만 꽃이 여름에 피며 꽃 속의 암술과 수술은 모두 노란색이고 열매가 익으면 고개를 하늘로 향한다.

구상난풀

8월 대구 | 노루발과 | 여러해살이풀 (부생식물) | 한라산의 구상나무숲에서 처음 발견되었으며, 전국적으로 빛이 없고 습기가 많은 곳에서 드문드문 발견된다. 퇴화된 잎이 비늘처럼 달렸으며, 황백색을 띤 꽃 여러 개가 줄기 끝에 모여 달린다.

애기버어먼초

8월 제주도 | 우리나라 제주도에 분포한다. 자생지가 1~2곳에 불과하며, 개체 수가 매우 적다.

나도옥잠화

나도옥잠화 5월 태백 | 백합과 | 여러해살이풀 | 전국 고산지대의 숲이 우거져 습도가 높은 곳에서 잘 자란다. 잎은 넓고 긴 달걀형으로 끝이 뾰족하다. 5~7월에 흰색의 작은 꽃이 줄기 윗부분에 2~12개씩 달린다. '당나귀풀' 또는 '제비옥잠화'라고도 부른다. 꽃말은 '침착', '조용한 사랑'.

옥잠화

옥잠화 5월 영동 | 백합과 | 습기 있는 토양에서 잘 자란다. 꽃대는 길이 40~60cm 정도인데 더러 1m 이상 되는 것도 있다. 7~9월에 꽃이 피는데, 해가 지는 저녁에 피고 아침에 오므라든다. 연한순을 식용하고, 꽃·뿌리줄기·잎을 약재로 쓴다.

노루발

노루발 5월 대구 | 노루발과 | 상록성 여러해살이풀 | 산지 숲속에서 자란다. 잎은 뿌리에서 여러 장이 모여 나오고, 두꺼우며, 뒷면은 자주색을 띤다. 흰색의 꽃이 긴 꽃자루에 총상으로 달린다. 수술은 10개이며 암술은 꽃잎보다 길게 나와 끝이 위로 굽어 있다. 전초를 '녹수초(鹿壽草)'라는 약재로 쓴다. 한자명 '녹제초(鹿蹄草)'는 잎이 사슴 발굽을 닮았다는 뜻이다.

매화노루발

매화노루발 6월 대구 | 노루발과 | 상록성 여러해살이풀 | 타원형의 잎은 도톰하며, 가장자리에는 날카로운 톱니가 드물게 나 있다. 5~6월에 종 모양의 흰색 꽃이 줄기 끝에서 아래를 향해 피는데 매화와 비슷하다. 꽃잎은 5장이고, 꽃 속의 반구형 녹색 암술이 독특한 매력 포인트다. 열매가 하늘을 향해 익는다.

노루삼

노루삼 5월 태백 | 미나리아재비과 | 여러해살이풀 | 전국의 산지 나무 그늘, 숲 가장자리, 산비탈 초지에서 자란다. 잎 가장자리가 불규칙한 톱니 모양이며, 5~6월에 흰색의 자잘한 꽃이 총상꽃차례로 달린다. 성수기가 되면 꽃은 어두운 적색이 된다. 노루삼 뿌리는 노루에게 이로우며 즐겨 먹는 것이라서 '노루삼'이라고 했다는 설이 있다.

노루오줌

노루오줌(흰색)

노루오줌 7월 태백 | 범의귀과 | 여러해살이풀 | 전국의 산지 습기 있는 곳에서 자란다. 7~8월에 홍자색 꽃이 줄기 끝에 원뿔모양꽃차례를 이룬다. 뿌리에서 오줌 냄새가 난다고 한다. 외국에서는 다양한 품종 개량을 통해 절화로 이용한다. 전초를 '소승마(小升麻)', 뿌리줄기를 '적승마(赤升麻)'라는 약재로 쓴다. ※노루삼이나 노루오줌은 다른 과 식물이지만 '노루'라는 이름과 뿌리를 이용한다는 점이 닮았다.

당개지치

당개지치 5월 태백 | 지치과 | 여러해살이풀 | 중부 이북의 높은 산 습기 많은 숲속에서 자란다. 잎은 어긋나는데 줄기 끝에서는 마디가 짧아져 5~7개의 잎이 돌려난 것처럼 보인다. 4~5월에 자주색 또는 보라색 꽃이 총상꽃차례로 달린다. 어린순은 나물로 먹는다.

모래지치

5월 포항 | 지치과 | 여러해살이풀 | 바닷가 모래땅에서 자란다. 줄기에서 가지가 많이 갈라지고 주걱 모양의 잎은 어긋나고, 잎 양면에 털이 있다. 5~8월에 흰색 꽃이 줄기 끝과 잎겨드랑이에 취산꽃차례로 달린다. 꽃잎 안쪽은 노란색을 띤다.

반디지치

4월 태안 | 지치과 | 여러해살이풀 | 제주도, 남부지방의 산과 들 양지바른 건조지나 숲속 응달에 잘 자라며, 모래땅에서도 난다. 5~6월에 피는 꽃은 벽자색이고 꽃받침은 녹색이며 5개로 깊게 갈라진다. 키는 15~25cm이며 원줄기에 퍼진 털이 있고 다른 부분에는 비스듬히 선 털이 있다. 꽃이 핀 다음 줄기가 길게 뻗어 나며 번식한다. 열매를 '지선도(地仙桃)'라는 약재로 쓴다.

지치

8월 정선 | 지치과 | 여러해살이풀 | 줄기는 곧추서는데 길어지면 옆으로 비스듬히 자라기도 한다. 줄기와 잎 전체에 거친 털이 나 있다. 5~6월에 흰색의 꽃이 가지 끝에 수상꽃차례로 달린다. 뿌리는 굵고 자주색을 띤다. 어린순을 식용하고, 뿌리는 진도의 전통주인 홍주를 만드는 데 쓰이며, '자초(紫草)'라는 약재로 쓴다.

대성쓴풀

5월 태백 | 용담과 | 여러해살이풀 | 산골짜기 숲속에서 자란다. 줄기는 가지가 많이 갈라져 비스듬히 자라고, 달걀형의 잎은 마주난다. 5~6월에 흰색의 꽃이 핀다. 꽃잎은 4장이고, 꽃잎 안쪽에 2개씩의 선상체가 있으며, 꽃잎 안쪽 면에 남색 반점이 있거나 없다. 환경부 멸종 위기 야생식물 II급이다.

네귀쓴풀

8월 밀양 | 용담과 | 한해살이풀 | 전국의 고산지대 풀밭에 자생한다. 7~8월에 자색의 꽃이 피는데, 청색 무늬가 있어서 '본차이나'라는 별명도 갖고 있다. 꽃잎은 4장인데 꽃잎 안쪽에 귓속 같은 섬모가 달린 구멍이 있어서 '네귀쓴풀'이 된 듯하다.

자주쓴풀

9월 상주 | 용담과 | 두해살이풀 | 전국의 양지바른 산지에서 자란다. 마주나는 잎은 피침형으로 끝이 뾰족하다. 9~10월에 자주색(보라색) 꽃이 피는데 꽃잎은 5장이고, 진한 맥이 있다. 밑부분 안쪽은 꿀샘이 있고 털로 덮여 있다. 자주쓴풀·쓴풀·개쓴풀의 전초를 '당약(當藥)'이라는 약재로 쓴다.

큰잎쓴풀

9월 강원도 고성 | 용담과 | 두해살이풀 | 자주쓴풀에 비해 잎이 크다는 뜻이다. 꽃잎은 4장이고 보라색 꽃잎 안쪽에 꿀샘이 있다. 화관 안쪽에 청자색의 반점이 있거나 없거나 한데 점이 있는 것이 인기가 많다.

쓴풀

10월 합천 | 용담과 | 두해살이풀 | 산지 메마른 땅에서 자란다. 줄기는 곧추서며 가지가 많이 갈라지고 잎은 긴 타원형이다. 9~10월에 흰색의 꽃이 핀다. 꽃잎은 5장으로, 겉면은 자주색을 띠고 안쪽은 흰색으로 진한 맥이 있다.

흰자주쓴풀

9월 칠곡 | 용담과 | 두해살이풀 | 자주쓴풀과 똑같은데 꽃이 흰색으로 핀다. 쓴풀 종류는 줄기나 잎을 자르면 흰 유액이 나오는데 이 물질에서 쓴맛이 난다.

돌단풍

돌단풍 5월 정선 | 범의귀과 | 여러해살이풀 | 충청도 이북의 깊은 산이나 개울 주변의 바위틈에서 자란다. 뿌리가 통통하고 짧으며, 겉에는 반투명한 얇은 막질이 붙어 있다. 잎은 손바닥 모양이고 5~7개로 갈라지며, 5월에 피는 꽃은 흰색 또는 엷은 홍색이다. 관상 가치가 높아 집 화단에도 많이 심는다. '돌나리'라고도 불린다.

동의나물

동의나물 5월 태백 | 미나리아재비과 | 여러해살이풀 | 습지나 물이 고여 있는 곳을 좋아하며, 줄기는 물기를 많이 머금고 있어 연하고 잘 부러진다. 잎은 기다란 잎자루에 심장 모양으로 가장자리엔 톱니가 있다. 꽃잎은 없이 5~7장의 밝은 노랑 꽃받침이 꽃잎처럼 보인다. 한가운데에 많은 수술이 모여 있다. 동의나물은 유독식물로, 곰취 잎과 혼동하기 쉬우므로 주의해야 한다.

두루미꽃

두루미꽃 5월 태백 | 백합과 | 여러해살이풀 | 전국의 높은 산 숲 속에 난다. 양쪽으로 펼쳐진 심장형의 잎과 긴 꽃대 그리고 작은 꽃이 두루미가 날개를 펼친 모습과 비슷해서 지은 이름인 듯하다. 5~6월에 흰색 꽃이 원줄기 끝에 총상꽃차례로 달린다. 하얗고 작은 꽃이 옹기종기 모여 있는 모습이 마치 작은 새들이 조잘조잘 모여 노는 것 같은 느낌이다. 전초를 '이엽무학초(二葉舞鶴草)'라는 약제로 쓴다.

풀솜대

풀솜대 5월 영천 | 백합과 | 여러해살이풀 | 전국의 산지 숲속에서 자란다. 대나무의 일종인 솜대와 잎이 비슷해서 '풀솜대'라고 했다는 설이 있다. 줄기에 난 솜털은 위로 갈수록 많아지며 긴 타원형 잎에 깊은 맥이 있다. 5~7월에 흰색 꽃이 피는데, 작은 꽃들이 뭉쳐 달려 하나의 꽃처럼 보인다. 어린순을 식용하고, 뿌리와 뿌리줄기를 '녹약(鹿藥)'이라는 약재로 쓴다.

둥굴레

둥굴레 5월 태백 | 백합과 | 여러해살이풀 | 전국의 산지 양지바른 곳, 들판의 반음지에서 자란다. 5~7월에 녹색을 띤 흰색 꽃이 잎겨드랑이에서 나와 아래를 보고 달린다. 뿌리에 점액이 있고 전분 성분이 있다. 말린 뿌리를 음료의 원료로 사용하는 등 우리 생활에 여러 모로 밀접한 식물이다. 어린순을 식용하고, 뿌리줄기를 '옥죽(玉竹)'이라는 약재로 쓴다.

용둥굴레

층층둥굴레

용둥굴레 5월 태백 | 백합과 | 여러해살이풀 | 전국의 산지 나무 그늘에서 자란다. 둥굴레의 일종으로, 5~6월에 피는 꽃은 2개씩 달리는데 백록색을 띠며 2~3개의 포가 꽃을 감싼다. 둥굴레와 쓰임새가 같다. **층층둥굴레** 5월 태백 | 백합과 | 여러해살이풀 | 전국적으로 자라는 곳이 많지 않다. 6월에 연한 황색의 꽃이 핀다. 환경부 멸종 위기 야생식물 Ⅱ급이다.

때죽나무

때죽나무 5월 옥천 | 때죽나무과 | 낙엽 활엽 소교목 | 산지의 습기가 약간 있는 양지, 나무 틈에서 잘 자란다. 뿌리에서 많은 줄기가 나와 관목상을 이루고, 가지가 많아 넓게 퍼진다. 5~6월에 피는 종 모양의 흰색 꽃은 형태가 단정하고 향기가 매우 진하며, 은색의 둥근 열매 또한 아름답다. 덜 익은 열매는 독성이 있어서 물고기를 잡을 때 찧어서 이용하였다.

쪽동백

쪽동백나무 5월 금산 | 때죽나무과 | 낙엽 활엽 소교목 | 함경남도와 전라북도를 제외한 전국에 분포한다. 5~6월에 종 모양의 흰색 꽃이 피는데 때죽나무 꽃보다 약간 크다. 유독식물이다.

떡쑥

떡쑥(왜떡쑥) 5월 상주 | 국화과 | 한해살이풀 | 전체에 흰색 털이 있다. 긴 타원형의 잎은 가장자리가 밋밋하며 양면에 흰 털이 많이 나 있다. 5~7월에 황색 꽃이 가지 끝에 두상화로 달리는데, 두상화 주변에 암꽃이 있고, 중심부엔 암꽃과 수꽃을 함께 갖춘 양성화가 나와 있다.

들떡쑥

왜떡쑥

들떡쑥(들솜다리) 5월 상주 | 국화과 | 한해살이풀 | 가지와 잎은 회백색 털로 덮여 있고 잎의 표면은 녹색이나 흰색 털로 덮여 있어 흰색처럼 보인다. 열매에는 흰색의 모가 달려 잘 날아가며 3줄로 배열된 총포가 씨앗이 날아간 뒤에도 달려 있어 예쁜 꽃처럼 보인다. 왜떡쑥 떡쑥으로 통합되었다.

솜다리

솜다리 7월 인제 | 국화과 | 한해살이풀 | 해발 800m 이상 되는 능선 절벽이나 바위틈에 자생한다. 4~7월 사이에 회백색 꽃이 핀다. 환경부에서 우리나라 특산종으로 지정하여 보호하고 있다.

왜솜다리

왜솜다리 8월 양양 | 국화과 | 한해살이풀 | 고산지대에서 자라며 55cm까지 큰 키로 자란다. 잎은 긴 타원형으로 어긋나며 끝이 뾰족하다. 꽃턱잎은 회백색의 면모로 덮여 있다. 꽃은 회백색으로 원줄기 끝에 모여 달린다.

멀꿀

멀꿀 4월 제주도 | 으름덩굴과 | 낙엽 활엽 덩굴식물 | 남부지방의 숲속 계곡, 음지와 양지에서 모두 잘 자란다. 꽃은 암수딴그루로, 4~5월에 유백색으로 핀다. 여름에 적자색으로 익은 열매는 식용하는데 과육이 노란색이고, 으름보다 맛이 좋다.

으름덩굴

으름덩굴 4월 영동 | 으름덩굴과 | 낙엽 활엽 덩굴식물 | 덩굴줄기가 다른 나무를 감으며 자란다. 4~5월에 자주색 꽃이 잎과 더불어 짧은 가지의 잎 사이에서 총상꽃차례를 이룬다. 꽃이 크고 풍성한 것은 열매가 달리는 암꽃이고, 뒤쪽의 작은 꽃은 수꽃으로 열매가 달리지 않는다. 어린순을 식용하고, 열매를 식용한다.

민들레

민들레 5월 국화과 | 여러해살이풀 | 전국의 양지바른 들판에서 흔히 자란다. 3~6월에 노란 꽃이 피고, 꽃이 진 자리에 씨앗의 날개가 돋아나 하얗고 둥글게 부풀었다가 바람을 타고 날아간다. 민들레는 종류가 매우 많고 이름 또한 다양하다. 민들레류의 어린순을 식용하고, 전초를 '포공영(蒲公英)'이라는 약재로 쓴다.

서양민들레

서양민들레 4월 정선 | 국화과 | 여러해살이풀 | 귀화식물로, 전국의 도시 근교, 잔디밭이나 풀밭, 도로변에서 흔히 볼 수 있다. 3~9월에 황색의 꽃이 핀다.

흰노랑민들레(토종)

흰노랑민들레 4월 대전 | 국화과 | 여러해살이풀 | 산지 낮은 지대의 집 근처 텃밭이나 길가, 언덕 등에서 볼 수 있다. 4~5월에 연노란색의 꽃이 핀다. 우리나라 토종민들레는 자가불화합성을 가지고 있어 자기의 꽃가루가 암술에 묻어도 씨앗이 생기지 않는 특성이 있다. 토종민들레가 씨앗으로 번식하려면 벌 등이 날라다 주는 다른 민들레의 화분과 수정되어야 하므로 잘 번식되지 않는다. 서양민들레는 자가화합성이 없다. 서양민들레는 총포가 뒤집어지는 데 비해 토종민들레는 위쪽으로 붙는다는 점이 쉽게 구분되는 차이점이다.

산민들레(토종)

좀민들레(토종)

산민들레 4월 홍천 | 국화과 | 여러해살이풀 | 전국의 산지 습기 있는 곳에서 자란다. 5~6월에 노란색 꽃이 핀다. 좀민들레 4월 제주도 | 국화과 | 여러해살이풀 | 한라산의 양지바르고 습기 있는 풀밭에서 자란다. 5~6월에 노란색 꽃이 핀다.

흰민들레(토종)

서양금혼초

흰민들레 4월 보은 | 국화과 | 여러해살이풀 | 전국에 분포한다. 꽃은 4-6월에 핀다. **서양금혼초** 5월 부산 | 국화과 | 여러해살이풀 | 유럽 원산의 귀화식물로, 주로 남부지방의 목초지나 낮은 지대 빈터에서 자란다. 5~6월에 꽃이 핀다.

백선

백선 5월 칠곡 | 운향과 | 여러해살이풀 | 전국의 해발 800m 이하의 낮은 산지 양지바른 풀밭에 자생한다. 5~6월에 연한 홍색의 꽃이 피는데 '흰 백(白)', '고울 선(鮮)'이라는 이름만큼이나 아름답다. 향기가 강한 식물을 운향과로 분류하는데, 백선 역시 향기가 강하다. 뿌리 껍질을 '백선피(白鮮皮)'라는 약재로 쓴다. ※잎에 털이 많이 나는 털백선은 함경도에 자생한다.

백작약

산작약

백작약 5월 홍천 | 작약과 | 여러해살이풀 | 숲속 나무 그늘, 부식질 토양에서 잘 자란다. 꽃은 6월에 흰색으로 핀다. 자생지가 많이 알려져 있으며 개체 수는 매우 적다. 산작약 6월 정선 | 작약과 | 여러해살이풀 | 산지의 반음지에서 자란다. 잎 뒷면은 흰빛이 돌며 백작약과 달리 털이 있다. 줄기는 곧추서며 전체에 흰색 가루가 덮여 있고, 꽃은 6월에 붉게 핀다. 자생지가 깊은 산지에만 일부 남아 있다. 환경부 멸종 위기 야생식물 II급이다.

벌노랑이

벌노랑이 5월 포항 | 콩과 | 여러해살이풀 | 전국의 높은 산 개울 근처 풀밭 또는 모래땅에서 잘 자란다. 작은 잎이 5장 인데 2장은 줄기 기부에 있어 3출엽처럼 보인다. 5~8월에 밝은 황색 꽃이 나비 모양으로 1~3개씩 달린다.

서양벌노랑이

서양벌노랑이 5월 칠곡 | 콩과 | 여러해살이풀 | 소엽은 3장이고 2장의 탁엽이 있다. 꽃은 3~7개의 꽃이 방사형으로 달려 한 송이를 만든다. 벌노랑이는 1~3개씩 달리고 서양벌노랑이는 3~7개씩 달리는 차이로 구분하기도 한다.

봄맞이

금강봄맞이

봄맞이 4월 보은 | 앵초과 | 한해살이 또는 두해살이풀 | 산과 들의 습기 있는 풀밭에서 자란다. 식물 전체에 흰 털이 있으며, 4~5월에 흰색 꽃이 핀다. 전초나 열매를 '후롱초(喉嚨草)'라는 약재로 쓴다. **금강봄맞이** 6월 양양 | 우리나라 특산종으로, 높은 산지 응달 암벽에서 자란다. 6월에 흰색 꽃이 길이 7~12cm 되는 꽃대 끝에 7~17송이 핀다.

갯봄맞이

갯봄맞이 5월 경북 | 앵초과 | 여러해살이풀 | 동해의 일부 지역 바닷가 습지에 난다. 땅속줄기는 옆으로 자라고 땅 위 줄기는 곧바로 선다. 타원형 잎은 도톰하며, 꽃은 연한 홍색 또는 흰색이다. 화경은 아주 짧고 꽃받침이 넓은 종 모양으로 암술을 싸고 있으며 꽃받침이 꽃처럼 보인다. 환경부 멸종 위기 야생식물 II급이다.

산괴불주머니

눈괴불주머니

산괴불주머니 5월 태백 | 현호색과 | 두해살이풀 | 줄기는 통형으로 속이 비어 있고 잎은 어긋나면서 많이 갈라진다. 입술 모양의 노란 꽃은 꿀주머니가 길게 있고 화관은 입술 모양으로 갈라져 위아래로 벌어져 있다. 꽃 모양이 어린아이가 주머니 끝에 차는 노리개인 괴불주머니와 비슷하여 붙여진 이름이다. 눈괴불주머니 9월 김천 | 현호색과 | 두해살이풀 | 가지가 많이 갈라져 '덩굴괴불주머니'라고도 하며, 줄기는 모가 난다. 붉은 황색의 꽃이 곱고 예쁘다. 괴불주머니류는 대부분 봄에 꽃이 피는데 눈괴불주머니만 가을에 꽃이 핀다.

염주괴불주머니

자주괴불주머니

염주괴불주머니 5월 서산 | 현호색과 | 여러해살이풀 | 바닷가 근처 모래땅에서 자란다. 식물 전체가 분백색이고 잘린 부분에서 불쾌한 냄새가 난다. 4~5월에 노란색 꽃이 핀다. 자주괴불주머니 5월 제주도 | 현호색과 | 여러해살이풀 | 제주도, 전라도의 산숲 그늘, 들판의 습기 있는 나무 그늘에서 자란다. 자란다. 5월에 홍자색 꽃이 핀다. 전초를 '자화어정초(紫花漁灯草)'라는 약재로 쓴다.

솜나물

솜나물 5월 칠곡 | 국화과 | 여러해살이풀 | 전국의 산지 건조한 숲속에서 자란다. 잎 뒷면에 흰색 솜털이 밀생하고, 5~9월에 긴 꽃자루 끝에 흰색 또는 연한 자색의 설상화가 핀다. 꽃잎 뒷면은 앞면보다 더 진한 자주색을 띤다. 봄에 나는 솜나물은 활짝 열린 꽃이 피고, 가을에 나는 솜나물은 닫힌 꽃이 핀다. 전체적으로 솜털이 거미줄처럼 밀생해 있어 '솜나물'이라 부르는 듯하다.

수영

애기수영

수영 5월 포항 | 마디풀과 | 여러해살이풀 | 산야의 풀밭이나 빈터에서 자란다. 5~6월에 홍록색 꽃이 줄기 끝에 달린다. 어린순을 식용하고, 뿌리와 잎을 약용한다. **애기수영** 5월 포항 | 마디풀과 | 여러해살이풀 | 꽃은 암수딴그루로, 수술은 꽃받침조각과 수술이 6개씩인데 암술은 6개의 꽃받침조각에 암술이 1개 달린다.

애기풀

애기풀 6월 칠곡 | 원지과 | 여러해살이풀 | 줄기는 곧추서거나 비스듬히 자라며, 잎은 타원형으로 어긋난다. 4~6월에 자주색 꽃이 피는데 5장의 꽃받침이 꽃잎처럼 보인다. 꽃잎은 3장이 붙어 있고 수술은 8개, 암술은 2갈래로 갈라져 있다. 어린순을 식용하고, 전초를 '영신초(靈神草)'라는 약재로 쓴다.

원지

원지 6월 경북 | 원지과 | 여러해살이풀 | 경상도에서 재배하는 식물이다. 땅속 깊은 뿌리 끝에서 여러 대의 줄기가 모여 나고, 잎은 가는 선형으로 어긋난다. 보라색 꽃이 줄기 끝에서 나비 모양으로 달리며, 위쪽 꽃잎은 양쪽으로 갈라지고 아래는 합쳐지면서 끝부분은 솔처럼 잘게 갈라진다. 뿌리를 '원지(遠志)'라는 약재로 쓴다.

앵초

앵초 5월 보은 | 앵초과 | 여러해살이풀 | 전국의 산지 습기 있는 곳에서 자란다. 원예용이든 야생이든 어렵지 않게 볼 수 있다. 타원형 잎 표면엔 주름이 많고 가장자리에 둔한 톱니가 있다. 4~5월에 적자색 꽃이 피는데, 화관이 수평으로 퍼지고 끝이 하트 모양으로 갈라져 있다. 색은 다르지만 꽃 모양이 '앵두나무와 비슷한 풀'이라는 뜻으로 '앵초'라 부른다. 뿌리와 뿌리줄기를 '앵초근(櫻草根)'이라는 약재로 쓴다.

큰앵초

큰앵초 6월 구례 | 전국의 깊은 산에서 자란다. 줄기엔 짧은 갈색 털이 있고, 잎은 심장형으로 가장자리가 불규칙하게 갈라져 있다. 6~8월에 홍자색 꽃이 꽃줄기 위로 층층이 달린다. 타원형의 꽃잎 끝은 깊게 2개로 갈라진다. 어린순을 나물로 먹는다.

흰앵초

흰앵초 5월 보은 | 앵초와 똑같은데 꽃이 흰색으로 핀다. 야생에서의 흰앵초는 자주 볼수 없는 귀한 색이다.

연복초

연복초 5월 태백 | 연복초과 | 여러해살이풀 | 복수초 주변에서 자란다. 복수초를 캘 때 같이 따라 올라온다고 해서 '연복초'라 불렀다고 한다. 4~5월에 꽃이 피는데, 꽃·잎·줄기가 모두 초록색이다.

연영초

연영초 5월 태백 | 백합과 | 여러해살이풀 | 제주도를 제외한 중부 이남의 산지 계곡에서 자란다. 잎자루가 없는 둥글고 넓은 잎 3장이 줄기 끝에 돌려난다. 5~6월에 흰색 또는 연분홍색의 꽃이 옆을 향해 핀다. 한방에서 '수명을 연장시킨다' 라는 의미의 '연영초(延齡草)'라고 한다. 자생지와 개체 수가 많지 않아 보호가 필요하다.

큰연영초

큰연영초 4월 울릉도 | 백합과 | 여러해살이풀 | 울릉도 깊은 산 숲속에서 자란다. 꽃은 4~6월에 흰색 또는 분홍색으로 피는데, 돌려나기한 잎 중앙에서 꽃대가 1개 나와 끝에 지름 4cm쯤 되는 꽃 1송이가 핀다. 꽃받침은 3개이며 녹색이다. 울릉도에 큰 자생지가 있다. 뿌리줄기를 '우아칠(芋兒七)'이라는 약재로 쓴다.

으아리

으아리 5월 칠곡 | 미나리아재비과 | 낙엽성 덩굴식물 | 줄기는 자색을 띠고 딱딱해지면 부러지기도 한다. 잎은 1회 3출겹잎으로 갈라진다. 5~9월에 흰색 또는 분홍빛이 도는 흰색 꽃이 핀다. 꽃잎은 없고, 4장의 꽃받침이 꽃잎처럼 보인다. 어린순을 식용하고, 뿌리는 약재로 이용한다.

큰꽃으아리

큰꽃으아리 5월 보은 | 미나리아재비과 | 낙엽성 덩굴식물 | 전국의 표고 100~850m 되는 숲 가장자리 반음지에서 흔히 자란다. 줄기는 가늘고 길며 잔털이 있고, 꽃은 5~6월에 핀다. 관상용으로 심어 가꾸며, 어린순을 식용하고, 뿌리는 약재로 이용한다.

은방울꽃

은방울꽃 5월 영천 | 백합과 | 여러해살이풀 | 전국의 산지에서 자란다. 긴 잎자루에 긴 타원형 잎이 달린다. 4~5월에 작은 종 모양의 흰색 꽃이 방울처럼 달리는데, 바람에 스치면 은은한 레몬향이 난다. 은방울꽃은 향수의 원료로 사용하기도 한다. 새로 나는 잎은 산마늘과 비슷한데 독성이 강하다. 전초를 '영란(鈴蘭)'이라는 약재로 쓴다.

이팝나무

이팝나무 5월 대전 | 물푸레나무과 | 낙엽 활엽 교목 | 중부 이남 골짜기나 계곡, 해변가 등지에서 자란다. 내한성·내공해성·내염성·내병충성이 강하지만 건조에는 취약하다. 5~6월에 흰 꽃이 활짝 피면 마치 나무에 흰 눈이 소복하게 쌓인 듯하다.

자주개자리

자주개자리(변이)

자주개자리 5월 구미 | 콩과 | 여러해살이풀 | 서남아시아 원산의 귀화식물로, 녹비로 사용하기 위해 재배하던 것이 퍼져나가 야생화가 되었다. 줄기는 가지가 많이 갈라지고 키가 커서 곧게 서거나 비스듬히 자라고 속은 비어 있다. 7~8월에 자주색 꽃이 핀다. 콜레스테롤을 낮추는 성분이 있다고 한다. 자주개자리는 색의 변이가 많은 꽃으로, 위 그림의 자주개자리(변이)는 황색이 섞여 있다. 자주개자리·개자리 전초를 '목숙(苜蓿)'이라는 약재로 쓴다.

개자리

잔개자리

개자리 7월 칠곡 | 콩과 | 두해살이 | 잎은 어긋나기로 3개씩 나며 거꿀달걀형이고, 잎 가장자리에 잔 톱니가 있다. 5~7월에 노란색 꽃이 잎겨드랑이에 달린다. 줄기에는 털이 없거나 조금 있다. 잔개자리 6월 칠곡 | 콩과 | 두해살이풀 | 노란색 꽃이 피고 개자리와 비슷하지만 꽃의 꼬투리가 작다. 줄기에는 부드러운 털이 있다.

정향풀

정향풀 5월 강화 | 협죽도과 | 여러해살이풀 | 해안 모래땅이나 들판, 산지 가장자리에 자생한다. 5월에 연한 보라색 또는 연한 하늘색 꽃이 핀다. 꽃 핀 모양이 '정(丁)' 자와 비슷하여 '정자초(丁字草)'라고 부르다가 '정향풀'이 되었다고 한다.

개정향풀

개정향풀 6월 경북 | 협죽도과 | 여러해살이풀 | 산이나 개울가에서 자란다. 키는 1m 정도로, 줄기는 가지가 많이 갈라지고 짙은 자주색에 분백색이 돈다. 6월에 피는 꽃은 연한 자주색에 진한 자주색 맥이 있다. 꽃부리는 5장으로 깊게 갈라진다. 나무처럼 생겼으나 특이하게도 풀에 속하는 식물이다. 전초를 '나포마(羅布麻)'라는 약재로 쓴다.

조개나물

조개나물 5월 대구 | 꿀풀과 | 여러해살이풀 | 중부 이남의 양지바르고 건조한 풀밭, 묘지 주변, 잔디가 있는 곳에서 자란다. 잎과 줄기에 긴 횡색 털이 빽빽하게 나 있다. 잎은 타원형으로 마주나며, 5~6월에 보라색 입술 모양의 꽃이 잎겨드랑이에 총상꽃차례로 달린다. 꽃잎 뒷면에도 작은 털이 난다.

아주가

금창초

아주가 4월 옥천 | 꿀풀과 | 여러해살이풀 | 유럽 원산의 원예 품종이다. 4~5월에 남보라색·분홍색·흰색 등의 꽃이 피며, 꽃대 높이는 15~20cm이다. 지혈제와 진통제로 이용되었으나 현재는 주로 지피 식물로 쓴다. **금창초** 4월 영동 | 꿀풀과 | 여러해살이풀 | 5~6월에 자색의 꽃이 잎겨드랑이에 몇 개씩 달린다. 식물 전체에 우단 같은 털이 나고 줄기는 모여 나며 비스듬히 올라간다. 전초를 '백모하고초(白毛夏枯草)'라는 약재로 쓴다.

족도리풀

각시족도리풀

족도리풀 5월 태백 | 쥐방울덩굴과 | 여러해살이풀 | 항아리 모양으로 생긴 진한 자주색 꽃이 3개로 갈라지면서 뾰족한 모양이 족도리(족두리)와 비슷하여 '족도리풀'이라고 한다. 긴 줄기가 2개씩 나와 그 끝에 심장형 잎이 나는데 두 개의 줄기 아래쪽에서 꽃이 핀다. 유사종이 매우 많다. **각시족도리풀** 4월 태안 | 쥐방울덩굴과 | 여러해살이풀 | 꽃이 작고 꽃받침이 젖혀져 있다.

무늬황록족도리풀

5월 전남 | 전체적으로 황록선운족도리풀과 비슷하나 잎에 흰색의 무늬가 있다. '개족도리풀'로 통합되었다.

선운족도리풀

5월 전남 | 꽃대가 길고 갈라진 꽃잎이 족도리풀보다 크다. '개족도리풀'로 통합되었다.

황록선운족도리풀

5월 전남 | 쥐방울덩굴과 | 여러해살이풀 | 꽃이 모두 녹황색을 띠고 있다. 이영노 박사에 의해 '황록선운족도리풀'이라는 이명을 붙였으나 지금은 '개족도리풀'로 통합되었다.

주름잎

누운주름잎

주름잎 5월 남원 | 현삼과 | 한해살이풀 | 논둑, 밭둑, 습지에서 흔하게 자란다. 5~8월에 연한 자주색이 도는 입술 모양의 꽃이 원줄기 끝에 몇 개씩 총상꽃차례로 달린다. **누운주름잎** 8월 | 현삼과 | 여러해살이풀 | 잎은 타원형으로 가장자리에 톱니가 있다. 5~8월에 자주색 꽃이 줄기 끝에 피며, 꽃부리는 2개로 갈라져 하순이 훨씬 길고 넓으며 끝이 3개로 갈라진다. 하순 가운데가 볼록하게 부풀어 있으며 황색 무늬가 있고 털이 있다. 꽃이 지고 나면 줄기 아래에서 옆으로 기는 줄기가 나와 사방으로 벋는다.

선주름잎

선주름잎 6월 남원 | 현삼과 | 한해살이풀 | 강원도 이북 지역의 경작지 근처에서 자란다. 6~8월에 연한 자주색 꽃이 원줄기 끝에 총상꽃차례로 달린다. 키가 30cm에 달하고, 줄기는 곧게 서거나 비스듬히 자란다. 주름잎·누운주름잎·선주름잎 모두 전초를 '녹란화(綠蘭花)'라는 약재로 쓰는데, 종기를 없애고 해독 효과가 있다.

쥐손이풀

8월 칠곡 | 줄기에는 밑으로 향한 털이 있고 잎은 손바닥 모양으로 3~5개로 갈라진다. 6~8월에 연한 홍색의 꽃이 꽃자루 끝에 1개씩 달린다.

세잎쥐손이풀

8월 칠곡 | '국가표준식물목록'에는 이름이 올라 있지 않다. 잎이 3개로 갈라져서 '세잎쥐손이풀'이라고 부른다.

큰세잎쥐손이풀

8월 태백 | 잎이 3개로 갈라지면서 크기 때문에 '큰세잎쥐손이풀'이라고 부른다.

꽃쥐손이

미국쥐손이풀

꽃쥐손이(털쥐손이풀) 5월 태백 | 쥐손이풀과 | 여러해살이풀 | 고산지대 산 중턱 이상에서 자라며, 잎은 5~7개로 단풍잎처럼 갈라진다. 꽃을 제외한 전체에 털이 많다. 5~8월에 홍자색 꽃이 피는데, 꽃잎은 5장이고 뒤로 약간 젖혀진다. 수술과 암술은 길게 나와 있는데 암술이 약간 더 길다. 암술과 수술이 붙어 있는 꽃 안쪽엔 흰색의 긴 털이 촘촘히 나 있다. **미국쥐손이풀** 6월 창녕 | 쥐손이풀과 | 한해살이풀 | 전체에 흰색 털이 밀생하고 잎은 5개로 깊게 갈라지고 다시 잘게 갈라진다. 잎 가장자리는 자주색을 띤다. 흰색 또는 연한 자주색으로 피는 꽃에는 맥이 있다.

이질풀

이질풀 7월 태백 | 쥐손이풀과 | 여러해살이풀 | 쥐손이풀은 줄기에 털이 밑을 향해 나 있지만 이질풀은 털이 위를 향해 나 있는 것으로 구분된다. 마주나는 잎은 3~5개로 갈라지고, 8~9월에 진한 홍자색 꽃이 핀다. 이질이나 설사의 치료제로 쓰인다고 해서 '이질풀'이라는 이름이 붙었다.

둥근이질풀

7월 태백 | 쥐손이풀과 | 여러해살이풀 | 고산성 식물로 기온이 낮은 지역에서 잘 자란다. 잎은 3~5개로 깊게 갈라지고, 전체적으로 털이 조금 있다. 6~7월에 연한 홍색의 꽃이 핀다.

흰둥근이질풀

8월 태백 | 쥐손이풀과 | 여러해살이풀 | 전국에 분포한다. 8~9월에 흰색의 꽃이 핀다. 꽃의 색만 빼면 둥근이질풀과 비슷하다.

태백이질풀

8월 태백 | 쥐손이풀과 | 여러해살이풀 | 태백산에서 처음 발견되어 '태백'이라는 이름이 붙었다. 태백산 인근에 주로 분포한다. 둥근이질풀에 비해 줄기에 털이 있고 꽃잎 가장자리에 골이 패여 있다. 꽃도 약간 더 크다.

쥐오줌풀

쥐오줌풀 5월 태백 | 마타리과 | 여러해살이풀 | 우리나라 특산종으로, 산지의 약간 그늘지고 습한 곳을 좋아하지만 척박한 땅에서도 잘 자란다. 뿌리에서 쥐오줌과 비슷한 독특한 향이 강하게 난다. 5~8월에 연한 붉은색의 자잘한 꽃이 원줄기과 옆가지 끝에서 둥근 형태로 달린다.

참기생꽃

참기생꽃 5월 태백 | 앵초과 | 여러해살이풀 | 기온이 낮은 높은 산에서 자란다. 가늘고 긴 꽃대에 흰색 꽃이 1개 달리는데, 1개의 암술과 7개의 수술이 있고, 꽃잎은 6~8개까지 갈라진다. 옛날에 기생들이 머리에 쓴 화관을 닮았다. 환경부 멸종 위기 야생식물 Ⅱ급이다.

질경이

개질경이

질경이 8월 칠곡 | 질경이과 | 여러해살이풀 | 땅속줄기를 통해 벋어 나가며 뿌리에서 많은 잎이 나온다. 잎 가장자리는 물결 모양이고 잎맥이 뚜렷이 있다. 꽃잎이 4개로 갈라지며 줄기 끝에 자잘하게 밀착하여 달린다. 반투명의 흰색 꽃이 핀다. 개질경이 6월 부산 | 질경이과 | 여러해살이풀 | 전국의 양지바른 해변, 들판의 물기 있고 돌이 많은 곳에서 자란다. 잎은 긴 타원형으로 흰 털이 빽빽히 나 있다. 꽃은 꽃줄기를 따라 올라가며 흰색으로 핀다. 암술대와 수술대는 꽃부리 밖으로 길게 나와 있다.

갯질경이

6월 포항 | 남쪽 바닷가, 섬 해변의 모래땅에 난다. 잎이 두껍고 윤기가 있다. 5~7월에 노란색 꽃이 핀다.

창질경이

5월 부산 | 유럽 원산의 귀화식물로 잎은 뿌리에서 뭉쳐 나고, 꽃대는 60cm까지 길게 자란다. 꽃대 끝에 흰 꽃이 자잘하게 피는데 밑에서부터 위로 순차적으로 핀다.

털질경이

5월 포항 | 잎이 뿌리에서 나와 비스듬히 퍼지고 꽃은 5~7월에 피는데 잎 사이에서 긴 화경이 나와 이삭꽃차례로 빽빽하게 달린다.

처녀치마

처녀치마 5월 태백 | 백합과 | 여러해살이풀 | 전국의 고산지대, 부엽토가 있고 습윤한 반음지, 낙엽수림 아래에서 잘 자란다. 잎이 뿌리줄기에서 무더기로 나와 한쪽 방향으로 쫙 펼쳐지는 모습이 치마를 펼쳐 놓은 듯하여 붙여진 이름이다. 4~5월에 적자색 꽃이 한쪽 방향으로 고개를 숙이고 핀다. 암술대가 꽃잎 밖으로 길게 나와 있다.

칠보치마

칠보치마 7월 전남 | 백합과 | 여러해살이풀 | 뿌리에서 나온 10여 개의 잎이 사방으로 펼쳐져 있다. 꽃대는 40cm까지 자라고 2개로 갈라지기도 한다. 이 꽃줄기 끝에서 수상꽃차례로 연두색의 넓고 뚜렷한 맥이 있는 황색빛이 도는 흰색 꽃이 핀다. 칠보산에서 처음 발견되었지만 지금은 칠보산에서는 찾아볼 수 없고, 일부 지역에 남아 있는 개체 수도 점점 줄어들어 환경부 멸종 위기 야생식물 II급이다.

천마

천마 5월 금산 | 난초과 | 여러해살이풀 | 깊은 산 부식질 토양의 계곡 근처 반음지에서 자란다. 키는 60~100cm 정도이다. 보통 잎은 없고 비늘잎이 성기게 나며, 6~7월에 꽃이 핀다. 꽃의 색에 따라 '홍천마'와 '청천마'로 구분하기도 한다. 우리나라 특산종이다.

초종용

초종용 5월 포항 | 열당과 | 여러해살이풀 | 해안가 모래땅 위 사철쑥에 기생해 살아가는 희귀 식물이다. 줄기는 연한 자주색이며 흰색의 부드러운 털이 있다. 5~6월에 암자색 꽃이 원줄기와 포 겨드랑이에 좌우 상칭으로 많이 달린다.

토끼풀

5월 칠곡 | 콩과 | 여러해살이풀 | 땅 위를 기어서 벋는 줄기는 마디에서 뿌리를 내린다. 길게 나온 줄기 끝에 3장의 심장형 잎이 달린다. 꽃은 꽃받침조각이 뾰족하며 줄기 끝에서 둥글게 달린다.

붉은토끼풀

5월 태안 | 콩과 | 여러해살이풀 | 식물 전체에 털이 많고 잎에 V자 비슷한 흰 무늬가 있다. 꽃은 꽃자루가 없고 잎겨드랑이에서 둥근 모양으로 달리며, 분홍색·자주색·흰색으로 핀다. 유럽에선 사료로 재배되는 식물이다.

노랑토끼풀

5월 칠곡 | 콩과 | 여러해살이풀 | 거꿀달걀형의 작은 잎이 1cm 정도 되는 줄기에 3장씩 달리고 가장자리엔 톱니가 있다. 노란색 꽃은 머리모양꽃차례로 원형 또는 타원형으로 달린다. 꽃잎은 처음엔 노란색으로 피었다가 시들면서 담갈색으로 변한다.

선토끼풀

7월 칠곡 | 콩과 | 여러해살이풀 | 줄기는 옆으로 퍼지지만 가지는 곧추서서 이름이 선토끼풀이다. 잎은 3장으로 겹잎이며 어긋난다. 꽃은 연한 붉은색으로 가지 끝에서 둥글게 모여 핀다.

산토끼꽃

8월 영월 | 산토끼꽃과 | 두해살이풀 | 토끼라는 이름이 붙었지만 우리가 알고 있는 토끼풀과는 전혀 다른 종이다. 키가 1m 이상 크게 자라며 줄기에는 능선이 있으면서 긴 털이 있다. 꽃은 홍자색으로 머리모양꽃차례로 둥글게 달리며, 꽃부리는 4개로 갈라지고 통 모양의 꽃이다. 일부 지역에서만 자란다.

달구지풀

7월 백두산 | 콩과 | 여러해살이풀 | 북부지방의 숲 가장자리, 관목림, 습지에서 자라는데 키가 30cm에 이른다. 6~9월에 진홍색 꽃이 잎겨드랑이에 달린다. 중요한 목초 중의 하나이며 밀원식물이다. 관상용, 녹비로도 될 수 있다. 전초를 호흡기병, 임파선결핵, 치질, 신장염, 당뇨병, 황달, 버짐 등에 쓴다.

함박꽃나무

함박꽃나무 5월 태백 | 목련과 | 낙엽 활엽 소교목 | 함경북도를 제외한 전국의 산골짜기 습기가 적당하고 물빠짐이 좋은 반음지에서 자란다. 5~6월에 잎이 완전히 발달한 뒤에 지름 7~10cm 되는 흰색의 꽃이 아래를 향해 피는데 향기가 있다. '산목련' 또는 '천녀화'라는 이름으로도 불린다. 꽃이나 나무껍질을 약재로 쓴다.

헐떡이풀

헐떡이풀 5월 울릉도 | 범의귀과 | 여러해살이풀 | 울릉도 계곡의 습지에서 자란다. 5~6월에 흰색 꽃이 아래를 향해 핀다. 전초를 '황수지(黃水枝)'라는 약재로 쓴다.

호자나무

호자나무 5월 제주도 | 꼭두서니과 | 상록 활엽 관목 | 제주도, 전라남도 섬 지역의 수풀 밑에서 자란다. 4~5월에 흰색 꽃이 잎겨드랑에 달리는데, 화관 끝이 4갈래로 갈라지며 안쪽에 털이 많다. 가을에 빨갛게 익은 열매는 다음해 꽃이 필 때까지 달려 있다. '뾰족한 가시가 호랑이를 찌른다'는 뜻에서 '호자(虎刺)나무'라고 한다. 전초나 뿌리를 '호자(虎刺)', 꽃을 '복우화(伏牛花)'라는 약재로 쓴다.

홀아비꽃대

옥녀꽃대

홀아비꽃대 5월 태백 | 홀아비꽃대과 | 여러해살이풀 | 아랫줄기엔 비늘잎이 달렸고 윗줄기엔 4장의 잎이 마주난다. 그 안에서 흰색의 양성화꽃이 핀다. 꽃이삭은 원줄기 끝에 촛대처럼 달린다. 꽃잎은 없고 수술이 흰색의 실처럼 달려 있다. 이 수술대 아래쪽에 황색의 꽃밥이 있다. 하나의 꽃에 암술과 수술을 함께 공유하는 꽃을 양성화라 한다. **옥녀꽃대** 5월 서산 | 홀아비꽃대과 | 여러해살이풀 | 우리나라 중부 이남에 난다. 잎은 줄기 끝에 4장이 모여 나며 가장자리에 톱니가 있고 끝이 뾰족하다. 4~5월에 피는 꽃은 꽃술이 잎보다 길다. 홀아비꽃대에 비교하여 '과부꽃대'라고도 한다.

가는장구채

갯장구채

가는장구채 6월 김천 | 석죽과 | 한해살이풀 | 한국특산종으로 전체에 잔털이 있고 꽃은 흰색으로 피는데 5개의 꽃잎은 끝이 둥글게 2개로 깊게 갈라진다. 수술은 10개이며 암술대는 3개다. 갯장구채 6월 태안 | 석죽과 | 두해살이풀 | 전체에 잔털이 나 있고 줄기는 가지가 갈라지면서 잎은 마주나고 잎 가장자리는 밋밋하다. 5~6월에 피는 분홍색 꽃은 가지 끝에서 돌려난다. 씨앗은 원통 모양이다.

장구채

끈끈이장구채

장구채 9월 김천 | 석죽과 | 두해살이풀 | 잎은 넓은 송곳 모양으로 마주나며 잎 가장자리에 털이 있다. 7~9월에 흰색 또는 연한 홍색 꽃이 핀다. 잎과 줄기는 약용한다. **끈끈이장구채** 10월 정선 | 석죽과 | 한해살이풀 | 잎은 마주나고 피침형으로 위로 갈수록 작아진다. 꽃은 전체가 원뿔 모양으로 꽃받침은 원통형이며 10개정도의 맥이 있다. 5개의 꽃잎은 흰색으로 끝이 2개로 갈라진다. 줄기 전체에 끈끈한 물질이 묻어 있어 벌레가 잘 붙는다.

갯기름나물

갯기름나물 6월 부산 | 산형과 | 세해살이풀 | 남부 이남의 바닷가 근처에 자생하는 숙근성 식물이다. 잎은 어긋나며 1~3개로 갈라지며 털이 없고 윤기가 난다. 잎 가장자리는 자주색이 돌기도 한다. 6~8월에 흰색 꽃이 겹산형꽃차례로 자잘하게 달리는데, 꽃잎은 5장으로 끝이 안으로 말려 있다. 어린 전초를 식용한다.

갯방풍

갯방풍 9월 포항 | 산형과 | 여러해살이풀 | 해변가의 모래땅에서 자라며 전체에 흰색 털이 빽빽하게 나 있다. 원형에 가까운 달걀형의 작은 잎이 긴 잎자루에 3장씩 달린다. 흰색 꽃은 복산형꽃차례로 줄기 끝에 많이 달리며, 5개의 꽃잎은 안으로 많이 말려 있다.

골무꽃

골무꽃 6월 금산 | 꿀풀과 | 여러해살이풀 | 잎은 마주나고 둥근 달걀형이며 가장자리에 톱니가 있다. 꽃은 연한 자주색 또는 남색으로 긴 통 모양이며 한쪽으로 치우쳐서 2줄로 배열한다. 화관 위쪽은 투구 모양이고 하순은 넓으며 무늬가 있다. 꽃에도 털이 약간 있다. 골무꽃이라는 이름은 열매 모양이 바느질할 때 손가락에 끼우는 골무와 비슷하여 붙여졌다. 속명인 scutellaria는 '작은 접시'를 뜻하는 단어로, 꽃이 지고 난 뒤의 꽃받침이 둥근 접시 모양이다.

흰골무꽃

떡잎골무꽃

흰골무꽃 6월 | 꿀풀과 | 여러해살이풀 | 골무꽃과 같으며 꽃의 색이 흰색이고 아랫입술 모양 꽃부리는 넓고 자주색 무늬가 있다. **떡잎골무꽃** 6월 태안 | 꿀풀과 | 여러해살이풀 | 전국의 숲 가장자리에서 자란다. 마주나는 잎은 원형에 가까우며 잎 표면의 맥이 깊게 들어가 있다. 5~6월에 피는 연자주색 꽃은 골무꽃과 비슷하고 아랫입술 모양 꽃부리가 넓고 자주색 반점이 있다.

그늘골무꽃

수골무꽃 / 흰수골무꽃

그늘골무꽃 6월 지리산 | 꿀풀과 | 여러해살이풀 | 전국의 산지의 응달에서 자란다. 꽃은 6~8월에 연한 보라색으로 핀다. 수골무꽃(왼쪽) 6월 김천 | 꿀풀과 | 여러해살이풀 | 전국의 산지 숲속 풀밭에서 자란다. 꽃은 6~8월에 연한 자색으로 이삭꽃차례를 이룬다. 흰수골무꽃(오른쪽) 6월 태안 | 전체적으로 수골무꽃과 같은데 꽃이 흰색으로 핀다.

참골무꽃

참배암차즈기

참골무꽃 6월 부산 | 꿀풀과 | 여러해살이풀 | 잎은 마주나고 긴 타원형이며 가장자리엔 둔한 톱니가 있다. 여름에 자주색 또는 남색의 꽃이 줄기 상단부 잎겨드랑이에서 위를 향해 달린다. 꽃 모양은 골무꽃 종류와 같으나 아랫입술 모양의 꽃부리가 많이 넓다. 바닷가의 모래땅에서 잘 자란다. 참배암차즈기 7월 삼척 | 꿀풀과 | 여러해살이풀 | 잎은 긴 타원형으로 마주나며 가장자리에 둥근 톱니가 있다. 꽃은 황색으로 꽃과 꽃의 마디 사이가 넓고 꽃부리의 겉에도 털이 있고 화관의 위쪽은 자주색 반점이 있다. 입술 모양의 꽃입이 벌어지고 암술이 길게 나와 두 개로 갈라진 모습이 뱀이 입을 벌리고 있는 모습과 똑같이 생겨서 이름에 '배암'이라는 말이 들어가 있다.

기장대풀

기장대풀 6월 부산 | 벼과 | 여러해살이풀 | 열매는 곡식인 기장을 닮고, 대는 대나무과인 조릿대를 닮아서 '기장대풀'이라고 한다. 꽃은 흰색 또는 연보라색으로 피며 털이 있다. 암술머리는 2개로 갈라져 깃털 모양이다.

기장대풀(꽃)

띠

5월 | 벼과 | 여러해살이풀 | 전국 밭둑, 논둑, 양지바른 초원에 군락을 이룬다. 꽃은 5월에 핀다.

갯잔디

5월 포항 | 벼과 | 여러해살이풀 | 바닷가 모래땅과 바닷물이 닿는 곳에 자생한다. 키는 10~20cm 정도이다. 잎이 좁고 고운 잔디지만 줄기가 곧추서므로 정원용으로 부적합하다.

솔새

솔새 8월 대구 | 벼과 | 여러해살이풀 | 전국의 산과 들, 풀밭에서 자란다. 높이는 70~100cm 정도이다. 개솔새에 비해 화서는 줄기 위쪽 엽액마다 부채꼴로 배열된 총이 연속된다.

개솔새

9월 대구 | 벼과 | 여러해살이풀 | 전국의 산과 들, 풀밭에서 자란다. 키는 1m 정도 된다. 전초를 전초를 '야향모(野香茅)'라 하며 여름이나 가을의 흐린 날 또는 이른 아침에 채취하여 약재로 쓴다.

조개풀

9월 함양 | 벼과 | 한해살이풀 | 가는 줄기는 마디에 털이 있고 비스듬히 자란다. 잎은 달걀상 피침형으로 밑부분은 심장저이면서 줄기를 감싼다. 꽃은 3~20개 정도로 갈라진 가지에서 작은 이삭이 달린다. 이삭 사이에 2cm가량의 까락이 있다.

주름조개풀

9월 칠곡 | 벼과 | 여러해살이풀 | 숲 가장자리의 반음지에서 무리 지어 자라며 줄기에 털이 있다. 털이 있는 꽃대 마디마다 녹색의 꽃이삭이 달린다. 이삭에 짧은 털이 있고 끈적거리는 점액질이 있어 물체에 잘 달라붙는다.

수크령

8월 대전 | 벼과 | 여러해살이풀 | 길가나 황무지 등 양지쪽에 무리지어 자란다. 잎이 질기고 억세어서 공예품을 만드는 데 이용한다. 공원 화단에 관상식물로 심기도 한다.

강아지풀

10월 남원 | 벼과 | 한해살이풀 | 줄기는 곧추서지만 위쪽은 옆으로 자라기도 한다. 잎 아래쪽은 살짝 뒤틀려 있고 잎집 가장자리에 잔털이 있다. 꽃은 줄기 끝에서 강아지 꼬리처럼 달리며 긴 털이 많이 난다. 금강아지풀, 갯강아지풀 등 여러 종류가 있다.

나도바랭이

9월 칠곡 | 벼과 | 한해살이풀 | 줄기 밑부분에서 가지가 많이 갈라져 윗쪽에선 퍼져 자란다. 꽃은 자색 또는 연갈색을 띠고 줄기 끝에 5~10개씩 달린다. 화축 길이는 8cm가량이며 작은 꽃은 끝에 2개의 치아 모양으로 붙고 황갈색의 긴 까락이 있다.

억새

억새 10월 합천 | 벼과 | 여러해살이풀 | 속이 빈 원기둥 모양의 줄기는 모여나고, 긴 줄 모양의 잎 가장자리는 까칠해서 살에 잘못 스치면 베이기도 한다. 꽃은 줄기 끝에 부채 모양으로 달리는데, 작은 이삭이 촘촘하게 모여 달린다. 회갈색의 꽃은 빛에 반사되는 시간에 따라 은빛으로 보이기도 하고 금빛으로 보이기도 한다.

꿀풀

꿀풀 6월 가평 | 전국의 산기슭 양지바른 풀밭 물빠짐이 좋은 곳에서 잘 자란다. 5~7월에 적자색 꽃이 핀다. 열매가 마른 채 이듬해 봄까지 서 있는 것이 특징이다. 어린순은 나물로 먹고, 다 자란 전초는 '하고초(夏枯草)'라는 약재로 쓴다.

꿀풀

흰꿀풀

흰꿀풀 6월 가평 | 전체적으로 꿀풀과 같으며, 꽃의 색이 흰색이다.

끈끈이귀개

끈끈이귀개 6월 해남 | 끈끈이귀개과 | 여러해살이풀 | 잎은 줄기에서 어긋나며 잎면은 초승달 모양으로 잎 앞면과 가장자리에 긴 선모가 있다. 이 선모에 점액이 있어 벌레를 잡는다. 꽃은 흰색으로 핀다. 환경부 멸종 위기 야생식물 Ⅱ급이다. ※끈끈이귀개과 식물은 식충식물로 선모가 달린 잎에서 끈끈한 점액을 분비해 벌레가 붙으면 잎을 오므려 서서히 벌레에서 양분을 흡수한다.

끈끈이주걱

끈끈이주걱 6월 부산 | 끈끈이귀개과 | 여러해살이풀 | 잎은 뿌리에서 뭉쳐 나며 둥근 주걱 모양으로 잎의 앞면과 가장자리엔 붉은색의 선모가 있다. 이 선모에서 나오는 점액으로 벌레를 잡는다. 꽃은 돌돌 말려 있는 꽃대에서 총상꽃차례로 흰색으로 피어 올라간다.

나문재

칠면초

나문재 6월 화성 | 명아주과 | 한해살이풀 | 줄기는 가지가 많이 갈라지고 잎이 빽빽하게 달린다. 잎 단면은 다육질이며 반달 모양이다. 어린시기의 잎은 초록색과 붉은색이 섞여 있다가 가을이 되면 붉게 물든다. **칠면초** 6월 화성 | 명아주과 | 한해살이풀 | 잎이 붉고 화려하게 변해서 칠면초라고 부른다. 줄기는 곧추서서 가지가 약간 갈라지지만 많이 퍼지진 않는다. 어린순은 초록빛을 띠기도 하는데 전체가 곧잘 붉은색을 띠어 온 갯벌을 붉게 물들인다.

퉁퉁마디

해홍나물

퉁퉁마디 6월 화성 | 명아주과 | 한해살이풀 | 전체가 퉁퉁한 굵은 마디이고 녹색이지만 붉은색으로 물들기도 한다. 꽃은 가지 윗부분의 마디 홈 속에서 3개씩 달리는데 아주 작다. 해홍나물 10월 인천 | 명아주과 | 한해살이풀 | 나문재와 칠면초의 중간 크기로 건조하고 염분이 많은 간척지에서 잘 자란다. 원줄기가 조금 올라오다가 가지와 함께 옆으로 둥글게 휘어지면서 누워 바닥에 붙어 자라다가 크면서 위를 향해 가지를 들어 전체적으로 둥그스름한 형태를 이룬다.

노랑개아마

노랑개아마 6월 대구 | 아마과 | 한해살이풀 | 귀화식물로, 줄기 아래쪽에서 마주나는 주걱 모양의 잎은 위쪽에서는 어긋난다. 지름이 8mm쯤 되는 작은 노란색 꽃은 오전 내내 꽃잎을 닫고 있다가 오후 2시가 되면 꽃잎을 활짝 연다. 개아마와 비슷한데 꽃이 노란색이다. 귀화식물로, 아마 껍질에서 실을 뽑아 썼고 씨앗은 식용 또는 공업용 오일로 사용한다.

개아마

아마

개아마 8월 상주 | 아마과 | 한해살이풀 | 과거에는 재배를 통해 줄기껍질에서 실을 뽑아 썼다는 기록이 있으나 지금은 야생에서만 보인다. 햇빛이 잘 드는 마른 풀밭에서 자라고 5장의 꽃잎은 넓은 달걀형으로 연한 남자색으로 피고 꽃잎에 진한 남색의 맥이 여러 줄 나 있다. **아마** 9월 김천 | 아마과 | 한해살이풀 | 줄기 윗부분에서 가지가 많이 갈라지며 잎은 피침형으로 끝은 뾰족하다. 꽃은 연한 남자색이고 직경 2cm가량 되며 꽃잎 끝은 둥글고 가운데는 오목하며 잎 안쪽 면엔 남색의 맥이 있다.

노랑어리연

노랑어리연 6월 김천 | 조름나물과 | 여러해살이풀 | 부생 식물로, 잎 뒷면에 갈색 점이 있다. 잎 밑은 깊게 갈라져 있고 갈라진 면은 거의 붙어 있다. 꽃은 잎겨드랑이에서 황색으로 피고 오전에 피기 시작해서 오후 일찍 시들어 버린다. 5장의 꽃잎 가장자리에 넓게 주름이 지고 끝에 털이 있다.

어리연꽃

어리연꽃 7월 대구 | 조름나물과 | 여러해살이풀(부생 식물) | 중부 이남 지역의 연못, 늪, 도랑에서 자란다. 마디에 수염 같은 뿌리가 있으며, 원줄기는 가늘고 1~3개의 잎이 달린다. 잎이 자라 물 위에 뜨는데 잎자루가 길어 드문드문 달린다. 잎 밑은 V자로 갈라져 있다. 잎겨드랑이에서 나온 꽃은 흰색이고 넓은 피침형 꽃잎면에 긴 흰색 털이 촘촘히 나 있고 꽃 중심부는 황색이다.

가시연

빅토리아연

가시연 7월 경북 | 수련과 | 한해살이풀 | 부엽 식물로 잎은 둥근 접시 모양이며 직경이 2m까지 커진다. 잎 표면에 주름이 잡혀 있고 굽고 예리한 가시가 나 있다. 꽃은 여름에 밝은 보라색으로 피며 곤충이 매개가 되어 수분하는 충매화이다. 환경부 멸종 위기 야생식물 Ⅱ급이다. **빅토리아연** 8월 함양 | 수련과 | 여러해살이풀 | 수련과 식물의 꽃이 대부분 낮에만 꽃을 피우는 반면 빅토리아연은 반대로 밤에 개화를 시작한다. 잎은 2m 가까운 넓고 둥근 원반 모양이며 가장자리는 직각으로 접힌다. 잎 앞면은 광택이 있는 녹색이고 뒷면은 짙은 붉은색에 주름이 지고 가시가 있다. 꽃은 첫째 날은 흰색이나 연한 홍색으로 피고 2일째 밤에는 짙은 붉은색이 핀다. 만개한 꽃은 왕관 모양이다.

백련

백련 7월 칠곡 | 수련과 | 여러해살이풀 | 흰색으로 피는 연꽃이다.

홍련

홍련 7월 부여 | 수련과 | 여러해살이풀 | 저수지에서 피어나는 아름다운 꽃으로 관상 효과가 뛰어나다. 잎은 연밥이나 음료 원료로, 씨앗은 식용 또는 약용으로, 뿌리는 반찬 등으로 이용하는, 매우 친근하고 이로운 꽃이다.

수련

수련 흰색

수련 7월 상주 | 수련과 | 여러해살이풀 | 꽃은 연꽃보다 작으며 잎이 V자로 갈라지고 두껍다. 꽃은 긴 꽃자루 끝에 1개씩 달리고 흰색, 노란색, 분홍색 등 다양한 색으로 핀다.

각시수련

순채

각시수련 8월 고성 | 수련과 | 여러해살이풀 | 심장 모양의 잎은 밑부분이 V자로 깊이 갈라지고 끝이 날카롭다. 꽃받침 조각은 4장으로 끝이 뾰족한 타원형이며 뒷면은 녹색이고 앞면은 흰색이다. 꽃은 흰색으로 피며, 꽃잎은 8~15조각이다. 우리나라 특산종이며 환경부 멸종 위기 야생식물 Ⅱ급이다. **순채** 8월 제주도 | 수련과 | 숙근성 여러해살이풀 | 작은 늪이나 연못에서 물에 떠서 자란다. 6~8월에 홍자색 꽃이 잎겨드랑이에서 나오는 긴 꽃자루 끝에 1개씩 달린다. 전국적으로 자생지는 10곳 미만이다. 환경부 멸종 위기 야생식물 Ⅱ급이다.

조름나물

조름나물 7월 백두산 | 조름나물과 | 여러해살이풀 | 우리나라 중북부 이상의 고산 습지에 자라며, 자생지는 10곳 미만으로 알려져 있다. 꽃은 7~8월에 흰색이나 엷은 자색으로 핀다. 환경부 멸종 위기 야생식물 Ⅱ급이다.

흑삼릉

흑삼릉 8월 고성 | 흑삼릉과 | 여러해살이풀 | 연못가나 도랑에서 자라고 꽃은 잎 사이에서 나온 줄기 밑에서 암꽃이삭이 1~3개씩 달리고 윗부분에서는 암꽃보다 더 많은 수꽃이삭이 달린다. 암꽃의 화피는 3개이다.

통발

참통발

통발 8월 고성 | 통발과 | 여러해살이풀 | 윗입술꽃잎은 곧추서며 거는 원뿔형으로 하순과 길이가 거의 비슷하다. 하순의 모양은 부채꼴 모양이다. **참통발** 7월 양산 | 통발과 | 여러해살이풀 | 꽃의 상순은 넓고 높게 곧추서며 하순은 반원형으로 아주 넓다. 거는 원통형으로 하순보다 짧다. ※참통발은 일본 식물학자가 1931년에 신종으로 발표한 종으로, 아직까지 국명이 없다.

들통발

기바통발

들통발 9월 양산 | 통발과 | 한해살이풀 | 하순은 둥그스름한 원형이고 거는 달걀형의 타원형으로 끝이 둥글게 생겼고 하순과 거에 털이 나 있다. **기바통발** 7월 양산 | 통발과 | 한해살이풀 | 외래종 통발로 물 위 지상부로 가늘고 긴 꽃대를 올려 가면형의 노란 꽃을 피운다. 상순과 하순의 크기와 모양이 거의 비슷하고 꽃잎에 자주색 무늬가 거의 없다.
※실통발과 비슷하지만 우리나라 자생종이 아닌 일본 도입종으로, '좀통발'이라고도 한다.

마름

세수염마름

마름 8월 안산 | 마름과 | 한해살이풀 | 잎은 가운데 줄기에서 퍼지면서 물 위에 떠 있는데 잎줄기에 부푼 공기구멍이 물위로 띄워 주는 역할을 한다. 꽃은 흰색이고 열매는 딱딱하고 역삼각형이며 끝에 가시가 있다. **세수염마름** 8월 대구 | 참깨과 | 여러해살이풀 | 뿌리줄기는 물속에서 길게 자라고 물 위에 뜨는 잎은 넓은 난원형으로 가장자리엔 물결 모양의 톱니가 있다. 꽃은 연분홍색으로 종 모양이고 긴 통부는 노란색이다.

올챙이솔

9월 양산 | 자라풀과 | 한해살이풀 |
연약하고 가는 줄기는 많이 갈라지며 물속에 잠겨서 자란다. 꽃은 잎겨드랑이에서 나온 줄기 끝에 1개씩 달리는데 피침형의 꽃잎은 3장이며 흰색으로 꽃은 아주 작고 반투명이다.

물질경

9월 양산 | 자라풀과 | 한해살이풀 |
뿌리에서 모여나는 잎은 심장형이며 갈색을 띤 녹색으로 질경이 잎과 비슷하면서 물에서 자라 물질경이라 한다. 꽃은 흰색에 연한 분홍색을 띠고 꽃잎은 3장으로 주름이 져 있다.

자라풀

9월 창녕 | 자라풀과 | 여러해살이풀 |
잎은 둥근 모양이고 긴 잎자루 끝에 1개씩 달리는데 잎 뒷면은 공기주머니가 푸풀어 있다. 꽃은 잎겨드랑이에서 나와 흰색으로 피고 암꽃과 수꽃이 따로 핀다.

구와말

민구와말

구와말 9월 창원 | 현삼과 | 여러해살이풀 | 줄기는 자주색을 띠고 털이 있으며 물밖으로 나온 줄기에 5~8개의 잎이 돌려난다. 잎은 중간의 윗부분에서 많이 갈라진다. 꽃은 적자색으로 잎겨드랑이에 1개씩 달린다. 꽃받침의 밑부분에 털이 있다. **민구와말** 9월 창원 | 구와말과 비슷하며 줄기에 털이 없고 꽃받침에도 털이 없다.

물아카시아

물양귀비

물아카시아 9월 함양 | 콩과 | 여러해살이풀 | 외래종 수생식물로 밤에는 잎을 오므린다. 꽃은 나비 모양의 노란색 꽃이 핀다. 줄기는 굵으나 속이 비어 있어 물에 잘 뜬다. 잎이 아카시아 잎을 닮았다. 물양귀비 9월 함양 | 양귀비과 | 여러해살이풀 | 양귀비를 닮은 꽃이 물에서 자생하여 '물양귀비'라고 한다. 꽃은 노란색으로 공원 연못이나 화분에 관상용으로 많이 심는다.

물달개비

물옥잠

물달개비 9월 창원 | 물옥잠과 | 한해살이풀 | 잎은 긴 잎자루에 끝이 뾰족한 타원형이지만 다른 모양이 나기도 한다. 잎겨드랑이에서 꽃자루가 나와 청자색의 꽃이 잎보다 낮은 위치에서 핀다. 물옥잠 9월 창녕 | 물옥잠과 | 한해살이풀 | 뿌리에서 난 잎은 광택이 있다. 꽃은 남색으로 피고 간혹 흰색이나 연보라색으로 피기도 한다. 잎보다 높은 위치에 줄기를 올려 꽃을 피운다.

사마귀풀

소귀나물

사마귀풀 9월 창원 | 달개비과 | 한해살이풀 | 줄기는 땅에서 옆으로 기면서 자라고 마디에서 뿌리를 내린다. 줄기 윗부분에서 비스듬히 위로 서고 그 끝에서 연분홍빛이 도는 흰꽃이 핀다. 잎을 찧어 사마귀에 붙이면 떨어진다는 설이 있다. **소귀나물** 9월 수원 | 택사과 | 여러해살이풀 | 중부지방의 논과 습지에서 자생한다. 8~9월에 잎 사이에서 꽃대가 자라 흰색 꽃이 층층으로 달린다. 땅속줄기 끝에 달리는 덩이줄기를 식용한다. 벗풀과 닮았지만 식물체와 덩이줄기가 벗풀보다 크고 잎 윗부분이 넓은 달걀형인 점이 다르다.

개미탑

개미탑 8월 상주 | 개미탑과 | 여러해살이풀 | 뿌리줄기는 땅위에서 옆으로 벋고 가지를 친다. 잎은 계란형으로 끝이 좁으며 마주나고 가장자리에 둔한 톱니가 있다. 암술머리에 연한 홍색 털이 달린다. 흔한 풀이지만 빨갛게 단풍이 들면 어떤 꽃 못지않게 아름답다.

물수세미

물수세미 8월 함양 | 개미탑과 | 여러해살이풀 | 중부 이북 연못에 난다. 길이는 50cm 정도로 자라고, 8월에 연한 노란색 꽃이 핀다. 어항용 수초로 이용된다.

남오미자

남오미자 8월 제주도 | 오미자과 | 상록 활엽 덩굴 | 전라남도와 제주도에 자생한다. 양지바른 산기슭의 배수성이 좋은 부식질 토양에서 잘 자란다. 4~8월에 연한 황백색 꽃이 잎겨드랑이에 달린다. 예전에 나무 껍질을 삶은 물에 머리 감았다고 한다. 열매를 오미자 대용으로 하나 품질이 떨어진다. 흰색은 열매가 달리는 암꽃, 붉은색은 수꽃이다.

낭아초

큰낭아초

낭아초 6월 부산 | 콩과 | 낙엽 관목 | 내한성, 내건성이 강하여 전국의 햇빛이 잘 드는 양지에서 잘 자란다. 진한 자주색이 도는 나무는 가지가 많이 갈라지며, 깃꼴로 갈라지는 작은 잎은 타원형이다. 키는 60cm 정도로 자라고, 5~8월에 나비 모양의 연한 홍색 꽃이 총상화서로 달려 위를 보고 피어 올라간다. **큰낭아초** 8월 제주도 | 콩과 | 낙엽 반관목 | 귀화식물로, 국가표준식물 목록에는 없지만 낭아초보다 꽃대가 길다.

노린재나무

노린재나무 6월 정선 | 노린재나무과 | 낙엽 활엽 관목 | 햇빛이 적당히 드는 숲에서 자란다. 내음성, 내한성, 내건성, 내공해성이 강하다. 키는 1~3m로 자라고, 꽃은 4~6월에 개화한다. 9월에 익는 타원형의 청색 열매가 꽃만큼 아름답다.

돌가시나무

돌가시나무 6월 부산 | 장미과 | 상록 관목 | 남부의 해안가에서 지면을 기며 자라는 반상록성의 키 작은 나무이다. 깃 모양의 잎은 광택이 나고 가장자리는 고른 톱니 모양이다. 꽃은 흰색으로 피고, 열매는 둥근 빨간색으로 익는다.

도깨비부채

도깨비부채 6월 태백 | 범의귀과 | 여러해살이풀 | 우리나라 중부 이북의 1,000m 이상 되는 깊은 산 그늘에서 군락을 이루어 자란다. 키는 1m 이상 자라며, 6~7월에 황백색 꽃이 취산형 원뿔모양꽃차례를 이룬다. 병풍쌈과 함께 우리나라 자생식물 중에서 잎이 가장 큰 식물이다.

병풍쌈

개병풍

병풍쌈 6월 태백 | 국화과 | 여러해살이풀 | 깊은 산 숲 가장자리에 군락을 이루어 자란다. 키는 1~2m 정도이다. 꽃은 7~9월에 황백색으로 피는데 줄기 끝에 총상꽃차례가 모여 원뿔모양꽃차례를 이루어 달린다. '병풍취'라고 하며, 잎과 줄기를 식용한다. **개병풍** 6월 인제 | 범의귀과 | 여러해살이풀 | 깊은 산골짜기의 숲속에 자생하며, 키는 1.5m 정도이다. 6~7월에 흰색의 꽃이 줄기 끝에 큰 원뿔모양꽃차례로 많이 달린다. 멸종 위기 야생식물 Ⅱ급이다.

땅귀개

자주땅귀개

땅귀개 6월 부산 | 통발과 | 여러해살이풀 | 양지이면서 습기와 물이 고여 있는 풀 속에서 자란다. 초록색의 잎이 가늘고 길게 나오고, 꽃은 밝은 황색이다. 꽃부리는 입술 모양이고 아랫입술꽃이 넓으며 꿀주머니는 밑을 향하고 끝이 뾰족하다. **자주땅귀개** 6월 부산 | 통발과 | 여러해살이풀 | 잎은 땅속줄기에서 나와 긴 주걱 모양으로 난다. 입술 모양의 꽃은 남자주색으로, 아랫입술꽃잎은 달걀형이고 꿀주머니는 밑으로 처지면서 끝이 뾰족하다. 식충식물이다.

흰자주땅귀개

이삭귀개

흰자주땅귀개 6월 부산 | 통발과 | 여러해살이풀 | 자주땅귀개와 똑같으나 꽃이 흰색이다. 자주땅귀개와 흰자주땅귀개는 환경부 멸종 위기 야생식물 II급이다. **이삭귀개** 8월 부산 | 통발과 | 여러해살이풀 | 잎은 주걱 모양으로 땅속줄기로부터 모여 나며 30cm 이내의 꽃대에 보라색 또는 밝은 자주색 꽃이 입술 모양으로 피는데 줄기 끝에 바로 붙어 난다. '귀개'라는 이름은 꽃 모양이 귀이개를 닮아 붙은 이름이다.

땅채송화

땅채송화 6월 부산 | 돌나물과 | 여러해살이풀 | 남부의 해안가 바위나 물빠짐이 좋은 땅에서 자란다. 단풍 든 빨간 잎과 황금빛 꽃이 드넓은 바다를 배경 삼아 바위틈에서 자라는 모습은 무엇보다 강하고 예쁜 생명임을 깨닫게 한다.

바위채송화

바위채송화 7월 태백 | 돌나물과 | 여러해살이풀 | 산의 바위틈이나 바위 위의 흙이 모여 있는 곳에서 자란다. 줄기가 바닥을 기면서 많이 갈라져 노란 꽃을 피운다. 등산로 돌 틈에 피어 있는 꽃을 밟지 않으려 발밑을 살피게 된다.

돌나물

돌나물 6월 김천 | 돌나물과 | 여러해살이풀 | 줄기는 옆으로 벋어 가면서 마디에서 뿌리가 나오고, 긴 타원형 잎은 줄기에 3개씩 돌려난다. 5~6월에 황색의 꽃이 피는데 끝이 뾰족하다. 이른 봄 어린순을 나물로 먹는데 비타민이 풍부하다.

마타리

마타리 6월 영천 | 마타리과 | 여러해살이풀 | 줄기는 윗부분에서 가지가 많이 갈라지고, 마주나는 잎의 양면에는 누운털이 있다. 6~8월에 황색의 자잘한 꽃이 고른꽃차례로 핀다. 어린순을 식용하고, 전초를 '패장(敗醬)'이라는 약재로 쓴다.

금마타리

금마타리 6월 양양 | 마타리과 | 여러해살이풀 | 우리나라 특산종으로 고산지대에 난다. 키가 30cm가량 되고 잎은 마주난다. 줄기잎은 깊게 갈라지며 표면에 털이 밀생하지만 뒷면엔 털이 없다. 5~6월에 자잘한 황색 꽃이 원줄기 끝에 산방상으로 달린다.

돌마타리

돌마타리 8월 태백 | 마타리과 | 여러해살이풀 | 높은 산 바위 주변에 많이 핀다. 방향성 식물로, 고린내 비슷한 냄새가 난다. 잎은 마주나고, 7~9월에 황색 꽃이 가지 끝에 산방상으로 달린다.

뚝갈

뚝갈 10월 상주 | 마타리과 | 여러해살이풀 | 울릉도를 제외한 전국의 양지바른 산기슭이나 풀밭에서 자란다. 7~8월에 흰색 꽃이 가지 끝과 원줄기 끝에 산방상으로 달린다. 더러 늦가을까지 꽃이 피기도 한다. 마타리와 같은 용도로 쓰인다.

며느리밑씻개

6월 부산 | 마디풀과 | 한해살이풀 |
줄기에 굽은 가시가 있어 다른 물체를 감고 올라가기 쉬우며, 사람의 살에 닿으면 살을 긁어 상처를 낸다. 꽃잎은 없고 홍색 또는 흰색의 꽃 모양 꽃받침이 있다. 8개의 수술과 1개의 암술이 있다.

고마리

9월 영천 | 마디풀과 | 한해살이풀 |
줄기에는 갈고리 모양의 가시가 있다. 잎은 어긋나고 창검 모양이며 가운데 잎은 긴 달걀형으로 끝이 뾰족하며 양 옆은 약간 튀어 나온다. 잎의 변이가 많다. 꽃은 2~20개까지 뭉쳐서 피는데, 흰색·붉은색·분홍색 등 색이 다양하다. 도랑이나 개울가에 살면서 물을 깨끗이 정화해 주는 고마운 습지 식물이다.

며느리배꼽

9월 대구 | 마디풀과 | 한해살이풀 |
줄기엔 굽은 가시가 있고, 잎은 어긋나며 꽃잎이 없는 5장의 꽃받침은 연녹색으로 아주 작다. 윤기 있는 검은색 열매가 꽃받침에 싸여 있는 모습이 배꼽과 닮았다.

미꾸리낚시

9월 황간 | 마디풀과 | 한해살이풀 |
줄기는 사각으로 모서리가 있고 모서리를 따라 밑을 향한 가시가 있다. 줄기 윗부분에서 사방으로 가지가 갈라지며 땅을 덮는다. 잎은 피침형으로 끝이 뾰족하고 가장자리는 밋밋하다. 꽃은 줄기 끝에서 뭉쳐 달리는데, 꽃잎 아래는 흰색이고 끝부분은 홍색이다.

나도미꾸리낚시

9월 창녕 | 마디풀과 | 한해살이풀 |
각이 진 줄기엔 아래를 향한 가시가 있고 비스듬히 자라다가 위에선 바로 선다. 잎은 창검 모양으로 표면에 짧은 털이 있고, 화경은 털과 긴 샘털이 있다. 연한 홍색 꽃이 갈라진 가지 끝마다 두상화로 달린다.

넓은잎미꾸리낚시

9월 상주 | 마디풀과 | 한해살이풀 |
잎은 긴 타원형으로 끝은 뾰족하며 밑은 얕은 심장저이다. 꽃대와 꽃자루는 붉은 샘털이 있고, 연한 홍색 꽃이 가지 끝에서 포에 싸여 핀다.

민백미꽃

선백미꽃

민백미꽃 6월 태백 | 박주가리과 | 여러해살이풀 | 잎은 마주나고 잎 양면엔 잔털이 있다. 흰색 꽃이 짧은 꽃자루 끝에 산형으로 달린다. 꽃잎은 5개로 갈라지고 긴 타원형이다. 줄기를 자르면 흰 유액이 나온다. **선백미꽃** 6월 태백 | 박주가리과 | 여러해살이풀 | 좁은 타원형의 잎은 마주나고 꽃은 연한 황색으로 짧은 꽃자루 끝에 산형으로 달린다. 꽃부리는 5개로 깊게 갈라져서 별 모양으로 끝이 뾰족하다. 선백미꽃이나 민백미꽃은 색의 변이가 많다. 황색·자주색·분홍색·녹색·흰색 등 다양하다.

검은솜아마존

솜아마존

검은솜아마존 7월 제주도 | 박주가리과 | 여러해살이풀 | 충청 이남의 산과 들에서 자란다. 6~7월에 피는 꽃은 갈자색이다. 잎은 강장제로 약용한다. 식물 전체에 흰빛이 돈다. **솜아마존** 7월 제주도 | 박주가리과 | 여러해살이풀 | 경기도 이남의 산과 들에 난다. 6~7월에 피는 꽃은 연한 노란색으로 5갈래이다. 자생지가 5곳 미만이며 개체 수도 많지 않다. 전초를 '합장소(合掌消)'라는 약재로 쓴다.

범꼬리

범꼬리 6월 태백 | 마디풀과 | 여러해살이풀 | 전국의 산지 양지바르고 습기 있는 계곡에 난다. 6~7월에 연한 홍색 또는 흰색의 꽃이 이삭꽃차례로 달린다. 어린순을 식용하고, 뿌리줄기를 '권삼(拳蔘)'이라는 약재로 쓴다.

호범꼬리

호범꼬리 7월 백두산 | 마디풀과 | 여러해살이풀 | 함경도 고산지대의 깊은 산 풀밭에 난다. 7~8월에 연한 붉은색 꽃이 1m가량 되는 꽃대 끝부분에 이삭꽃차례로 달린다.

뻐꾹채

뻐꾹채 6월 정선 | 국화과 | 여러해살이풀 | 뿌리에서 나온 잎은 타원형으로, 끝이 둔한 깃털 모양으로 완전히 갈라진다. 6~8월에 진자주색 꽃이 원줄기 끝에 1개씩 달리며, 포편은 6줄로 배열돼 있다.

조뱅이

지칭개

조뱅이 5월 포항 | 국화과 | 여러해살이풀 | 자주색 줄기에는 줄이 세로로 패여 있고 잎과 함께 거미줄 같은 털이 흩어져 난다. 5~8월에 자주색 꽃이 암수딴그루로 핀다. 총포는 8줄로 배열하고 흰색 털이 있다. 지칭개 5월 칠곡 | 국화과 | 한해살이 | 줄기는 가지가 많이 갈라지고 속은 비어 있다. 잎 뒷면엔 흰색 솜털이 빽빽하게 나 있다. 5~7월에 홍자색 꽃이 가지 끝에 피는데, 총포 바깥쪽에 홍자색 돌기가 있다.

산비장이

산비장이 8월 김천 | 국화과 | 여러해살이풀 | 전국의 산지 양지바르고 습기가 많은 곳에서 자란다. 키가 150cm까지 자라며, 줄기는 나무의 질감이 난다. 잎은 타원형이나 난상깃꼴로 완전히 갈라진다. 7~10월에 자주색 꽃이 피는데, 꽃싸개는 단지 모양으로 적색이 도는 진한 갈색이며 포 조각은 7줄로 배열된다.

엉겅퀴

엉겅퀴 6월 칠곡 | 국화과 | 여러해살이풀 | 줄기에 거미줄 같은 흰 털이 있으며, 타원형의 잎 가장자리는 결이 불규칙하게 갈라져 끝에 가시가 있다. 꽃은 붉은색이나 자주색인데, 암술이 여물기 전에 수술이 먼저 성장해 꽃가루를 방출한다. 엉겅퀴 종류는 거의 비슷한데 총포에서 약간 차이가 나고 잎 모양으로 구분된다. 엉겅퀴 종류는 잎에 가시가 있지만 울릉도 특산종인 섬엉겅퀴는 가시가 없다. 어린순을 식용하고, 전초나 뿌리를 '대계(大薊)'라는 약재로 쓴다.

바늘엉겅퀴

바늘엉겅퀴 7월 제주도 | 국화과 | 여러해살이풀 | '탐라엉겅퀴'라고도 부르며, 제주도에 자생한다. 키는 50cm 내외이며, 잎과 가지가 많이 달리고 줄과 털이 있다. 7~8월에 꽃이 핀다.

지느러미엉겅퀴

큰엉겅퀴

지느러미엉겅퀴 9월 태백 | 국화과 | 두해살이풀 | 속이 비어 있는 줄기는 곧추서며 세로로 난 능선에 단단한 가시가 달려 있는 모습이 물고기 지느러미 같다. 긴 타원형의 잎 가장자리에도 날카로운 가시가 달리고 불규칙하게 갈라져 있다. 꽃은 진한 보라색이며, 7~8줄로 배열한 꽃싸개는 종 모양으로 끝에 가시가 있다. 큰엉겅퀴 8월 상주 | 국화과 | 여러해살이풀 | 키는 2m까지 자라며, 원줄기에서 가지가 많이 갈라진다. 피침상 타원형 잎은 가장자리가 깊게 갈라진다. 자주색 꽃은 가지 끝에서 밑을 보고 달리며 총포에 달린 포편은 뒤로 젖혀진다.

동래엉겅퀴

동래엉겅퀴 10월 상주 | 국화과 | 여러해살이풀 | 잎은 긴 타원형으로 양 끝이 좁으면서 불규칙한 톱니가 있고, 꽃은 자주색이다. 총포는 6줄로 배열되며, 포편은 피침형으로 끝은 밋밋하다. 중편과 외편은 곧추선다.

정영엉겅퀴

8월 태백 | 국화과 | 여러해살이풀 |
국내에만 자생하는 식물로 줄기에 능선이 있고 가지가 갈라진다. 꽃은 백황색으로 피며 총포는 종형으로 6줄로 배열되고 포편 안에는 거미줄 같은 털이 있다.

고려엉겅퀴

10월 정선 | 국화과 | 여러해살이풀 |
'곤드레나물'로 유명하며, 뿌리와 밑부분에 달린 잎은 꽃이 피면서 시든다. 꽃은 붉은자주색이고 종 모양의 총포는 털이 있다. 화관은 자주색이 돌고, 포편은 가늘고 뾰족하다.

버들잎엉겅퀴

10월 천안 | 국화과 | 여러해살이풀 |
| 잎은 선형으로 길게 뾰족해지면서 가장자리는 밋밋하다. 꽃은 자주색이고, 총포는 6~7줄로 배열되며, 포편 끝에 짧은 가시가 있다. 총포 뒷면에 거미줄 같은 털이 있다.

산마늘

산마늘 6월 태백 | 백합과 | 여러해살이풀 | 강원도 고산지대, 남부지방 고산지대에서 더러 자란다. 5~7월에 공 모양의 흰 꽃이 70cm가량 되는 꽃대 끝에 달린다. 산나물로 남획이 심하여 개체 수가 매우 적다. 울릉산마늘(명이나물)과는 분류학적으로 구별된다.

수염가래꽃

수염가래꽃 6월 태안 | 초롱꽃과 | 여러해살이풀 | 땅 위를 기면서 자라는데, 줄기는 가늘고 위로 서며 마디에서 뿌리를 내린다. 잎의 가장자리는 물결 모양의 톱니가 있다. 연한 자주색이 섞인 흰 꽃이 피며, 5~6갈래로 깊이 갈라진 꽃잎은 입술 모양으로 꽃자루 끝에 하나씩 달린다. 논두렁과 논바닥 사이 습기가 많은 곳에서 잘 자란다.

약모밀

삼백초

약모밀(어성초) 6월 대구 | 삼백초과 | 여러해살이풀 | 전초에서 독특한 악취가 나지만 소염제 성분이 있어 일본에서는 전쟁 당시 재배하여 항생제 대용으로 썼다고 한다. 잎은 심장형으로 잎에 뚜렷한 맥이 있다. 흰색의 꽃부리는 4장의 긴 타원형으로 꽃처럼 보인다. 삼백초 6월 제주도 | 윗부분에 새로 나온 잎 2~3장 앞면에 흰색 무늬가 있다. 6~8월에 흰색의 작은 꽃이 이삭꽃차례로 달린다. 전초를 '삼백초(三白草)'라는 약재로 쓴다.

메밀꽃

메밀꽃 6월 | 마디풀과 | 한해살이풀 | 각지에서 대량 재배하여 관광 효과와 더불어 경제적 상품 가치가 높은 식물이다. 꽃은 흰색으로 피며 1개의 암술과 8~9개의 수술이 있는데 암술이 짧고 수술이 긴 것도 있고 수술이 짧고 암술이 긴 것도 있다. 이를 '이형예현상'이라고 한다. 꽃을 자세히 보면 정말 예쁘다.

왕과

돌외

왕과 6월 군위 | 박과 | 여러해살이풀 | 식물 전체에 긴 흰 털이 많이 나 있다. 잎은 넓은 손바닥 모양으로, 잎 밑은 양쪽으로 오목한 심장형이다. 잎 가장자리엔 털과 함께 톱니가 있다. 종 모양의 황색 꽃은 5갈래의 꽃잎이 뒤로 젖혀져 있다. **돌외** 9월 양산 | 박과 | 여러해살이풀 | 5장으로 된 타원형 잎은 어긋나고, 잔털이 있으며, 가장자리에 톱니가 있다. 황백록색으로 피는 꽃잎은 끝이 뾰족하고 길어 마치 불가사리 같다.

산외

산외 7월 태백 | 박과 | 한해살이풀 | 잎은 난상심장형으로 끝이 뾰족하다. 베이지색으로 피는 양성화는 잎겨드랑이에서 나온 긴 꽃대에 1개씩 달리고, 수꽃은 꽃자루가 없이 총상꽃차례로 달린다. 열매는 찌그러진 타원형이다.

정선황기

염주황기

정선황기 6월 태백 | 콩과 | 여러해살이풀 | 정선에서 처음 발견되어 '정선황기'라고 한다. 덩굴성으로 잎은 깃꼴겹잎으로 갈라지며 잎 뒷면은 털이 있다. 나비 모양의 작은 꽃이 둥그런 형태로 모여 달린다. 멸종 위기의 희귀 식물이다.
염주황기 7월 백두산 | 콩과 | 여러해살이풀 | 함경도 고산지대, 백두산에 자생한다. 키는 30cm가량이고, 7~8월에 노란색 꽃이 줄기 끝에 총상꽃차례를 이루어 핀다.

좀가지풀

좀가지풀 6월 구미 | 앵초과 | 여러해살이풀 | 잎과 줄기는 잔털이 있다. 황색 꽃이 잎겨드랑이에 한 송이씩 달리고, 꽃받침조각엔 검은 선점이 있다. 꽃은 위를 향해 피지만 열매는 아래를 보고 달리므로 가지처럼 보인다고 해서 '좀가지풀'이라고 한다.

좁쌀풀

좁쌀풀 6월 영덕 | 앵초과 | 여러해살이풀 | 햇빛이 잘 드는 산자락이나 습지에서 자란다. 달걀형의 잎은 마주나거나 돌려난다. 6~8월에 연한 황색 꽃이 피는데, 꽃잎·꽃받침·수술이 모두 5개씩이다.

참좁쌀풀

참좁쌀풀 6월 김천 | 앵초과 | 여러해살이풀 | 줄기에는 털이 있다. 잎은 마주나거나 돌려나고, 가장자리에 잔털이 있다. 6~7월에 황색 꽃이 피는데, 꽃잎 안쪽엔 붉은색이 돌고 꽃잎 끝은 뾰족하며, 꽃잎 면에 황색 샘털이 있다.

앉은좁쌀풀

큰산좁쌀풀

앉은좁쌀풀 9월 밀양 | 현삼과 | 반기생 한해살이풀 | 잎은 마주나고 난상원형으로 끝이 잘고 뾰족하게 갈라진다. 꽃은 연한 자주색으로 피고 아랫입술꽃잎은 끝이 3개로 갈라지며 황색 실선이 있다. 좁쌀풀은 꽃봉오리가 좁쌀처럼 자잘한 데서 유래됐다. '앉은좁쌀풀'이라는 이름은 키가 작다는 의미이다. 큰산좁쌀풀 7월 백두산 | 현삼과 | 반기생 한해살이풀 | 북부지방에 분포한다. 7~8월에 꽃이 핀다.

호자덩굴

작고 흰 꽃도 예쁘고, 가을에 빨갛게 익은 열매는 앙증맞기 그지없다.

호자덩굴 6월 | 꼭두서니과 | 여러해살이풀 | 상록성 식물로 가지가 땅을 기면서 자라고 마디에서 뿌리가 내린다. 달걀형 잎은 광택이 난다. 6~7월에 연한 붉은빛이 도는 흰색 꽃이 2개씩 달리는데, 판통이 길고, 판통 끝의 꽃잎은 4~7개까지 갈라지며, 꽃잎 안쪽에 털이 빽빽하게 나 있다.

갯패랭이꽃

갯패랭이꽃 7월 부산 | 석죽과 | 여러해살이풀 | 잎은 줄기에서 마주난다. 7~8월에 홍자색 꽃이 줄기 끝과 그 주변 가지에 취산꽃차례로 달리고, 꽃잎 끝은 톱니 모양이다. 자주색·분홍색·흰색 등 다양한 색이 섞여 핀다.

구름패랭이꽃

술패랭이꽃

구름패랭이꽃 7월 백두산 | 석죽과 | 여러해살이풀 | 북부지방 고산지대에 나며, '산패랭이꽃'이라고도 한다. 술패랭이에 비해 크기가 작다. 술패랭이꽃 8월 양산 | 석죽과 | 여러해살이풀 | 메마르고 척박한 풀밭이나 산기슭에서 볼 수 있다. 가지를 치지 않는 줄기는 원통 모양으로 속은 비어 있다. 7~8월에 연분홍색의 꽃이 피는데, 꽃잎은 5장으로 갈라지고 그 끝이 가늘고 깊게 여러 갈래로 갈라진다. 꽃잎 안쪽엔 털이 약간 있다.

거문도닥나무

거문도닥나무 7월 부산 | 팥꽃나무과 | 낙엽 소관목 | 원줄기 아래에서 모여나고 줄기 윗부분에선 일년생 가지를 많이 낸다. 잎은 긴 타원형으로 밑과 끝은 뾰족하다. 꽃은 통형으로 담홍색 또는 미색으로 피며, 꽃잎 끝은 4개로 갈라져 화경에 잔털이 많이 난다. 자생지가 알려진 지가 그리 오래 되지 않은 귀한 종이다.

계요등

계요등 7월 구미 | 꼭두서니과 | 여러해살이풀 | 가까이 가면 닭 오줌 냄새가 나서 '구렁내덩굴'이라고도 한다. 7~8월에 피는 흰색 꽃은 잔털이 많은 통꽃으로, 안은 자주색이며 5갈래로 갈라진 화관 안쪽은 털이 밀생해 있다.

구름범의귀

나도범의귀

구름범의귀 7월 백두산 | 범의귀과 | 여러해살이풀 | 북부지방의 고산지대 산 중턱 이상에서 자란다. 7~8월에 지름 1cm가량의 흰 꽃이 핀다. 꽃자루를 비롯하여 식물 전체에 샘털이 있다. **나도범의귀** 6월 백두산 | 범의귀과 | 여러해살이풀 | 태백산과 백두산의 숲속 습한 곳에서 자란다. 5~6월에 꽃이 핀다. 자생지가 1~2곳에 불과할 정도로 귀하며, 식물지리학적으로 매우 중요한 식물이다.

금매화

금매화 7월 백두산 | 미나리아재비과 | 여러해살이풀 | 평안북도, 함경남북도의 고산지대에 분포한다. 줄기는 곧추서고 때로 적게 갈라진다. 7~8월에 황색의 꽃이 줄기와 가지 끝에 1개씩 달린다.

큰금매화

큰금매화 7월 백두산 | 미나리아재비과 | 여러해살이풀 | 북부지방 숲 가장자리 습기 있는 풀밭에 난다. 7~8월에 황색 꽃이 줄기와 가지 끝에 1개씩 달린다. 금매화에 비해 꽃잎이 수술보다 긴 것이 특징이다.

꼬리풀

꼬리풀 7월 태백 | 현삼과 | 여러해살이풀 | '가는잎꼬리풀'이라고도 부른다. 줄기는 곧추선다. 잎은 선형의 피침형으로 가장자리는 둔한 톱니 모양이다. 7~8월에 남자색 꽃이 줄기 끝에 다닥다닥 붙어 긴 꽃차례를 이룬다. 꽃차례가 동물의 꼬리를 닮아 '꼬리풀'이라 부른다. 꽃말은 '목표 달성'.

구와꼬리풀

8월 영덕 | 현삼과 | 여러해살이풀 |
전국의 산지 풀밭에 난다. 8~9월에
하늘색 꽃이 총상꽃차례로 달린다.
키는 50cm가량 되고, 식물 전체에
굽은 털이 빽빽하게 나 있다.

부산꼬리풀

7월 부산 | 현삼과 | 여러해살이풀 |
부산의 해안가에서 처음 발견되었고
현재도 그곳에서만 자라는 희귀종이
다. 잎과 줄기에 흰 털이 많이 나 있
고, 잎은 두꺼운 달걀형으로 가장자
리에 불규칙한 결각이 있으며 줄기
는 옆으로 비스듬히 누워서 자란다.
남자색 꽃이 가지 끝에 다닥다닥 돌
려 핀다.

봉래꼬리풀

9월 고성 | 현삼과 | 여러해살이풀 |
강원도 특정 지역에서만 자라는 우
리나라 특산종이다. 잎은 마주나고
달걀형이며 표면은 녹색이고 뒷면은
붉은빛을 띠면서 거친 털이 있다. 잎
가장자리는 둔한 톱니가 있다. 줄기
는 붉은색이 돌고 긴 털이 있다. 7~8
월에 연보라색 꽃이 핀다.

흰꼬리풀

흰꼬리풀 8월 상주 | 현삼과 | 여러해살이풀 | 꼬리풀과 비슷하나 잎이 좀더 좁고, 흰색 또는 보라색이 약간 섞인 꽃이 핀다.

냉초

냉초 7월 양양 | 현삼과 | 여러해살이풀 | 강원도 산지의 약간 습기가 있는 곳에서 자란다. 키는 90cm가량이고 식물 전체에 털이 있다. 7~8월에 연자주색 꽃이 밑에서부터 꽃이 피어 올라가 총상꽃차례를 이룬다. 어린순을 식용하고, 전초를 '참룡검(斬龍劍)'이라는 약재로 쓴다.

개버무리

개버무리 8월 영월 | 미나리아재비과 | 낙엽 활엽 덩굴목 | 백두대간의 숲 가장자리, 냇가 돌 틈에서 잘 자란다. 잎은 마주나고 2회 3장씩 갈라지며, 잎 가장자리에 불규칙한 톱니가 있다. 8~9월에 꽃잎처럼 보이는 연노란색 꽃받침이 밑을 보고 달리는데 끝이 뾰족하게 4개로 갈라져 안쪽에 털이 있다. '꽃버무리'라고도 한다. 유독식물이다.

갯금불초

갯금불초 8월 제주도 | 국화과 | 여러해살이풀 | 바닷가 모래땅에 군락을 이루어 자라는데, 마디에서 뿌리가 내려 번식한다. 7~10월에 피는 꽃이 금불초와 비슷하여 '갯금불초'라고 한다. 전초를 '노지국(鹵地菊)'이라는 약재로 쓴다.

꼭두서니

가지꼭두서니

꼭두서니 8월 충주 | 꼭두서니과 | 여러해살이풀 | 전국의 산지 숲 가장자리에서 자란다. 7~8월에 지름 4mm가량 되는 작은 꽃이 연한 황색으로 핀다. 어린순은 나물로, 뿌리는 염료로, 뿌리와 뿌리줄기는 '천초근(茜草根)', 잎은 '천초경(茜草莖)'이라는 약재로 쓴다. 독성이 있다. **가지꼭두서니** 7월 충주 | 꼭두서니과 | 여러해살이풀 | 전국의 산과 들에서 자란다. 6~7월에 지름 3.5mm가량의 황색 꽃이 핀다. 어린순을 식용하고, 뿌리를 약재로 쓴다.

참갈퀴덩굴

선갈퀴

참갈퀴덩굴 8월 금산 | 꼭두서니과 | 여러해살이풀 | 중부 이남의 산지 풀밭에서 자란다. 6~8월에 지름 2mm가량 되는 백록색 꽃이 핀다. 우리나라 특산종이다. **선갈퀴** 4월 울릉도 | 꼭두서니과 | 여러해살이풀 | 중부 이북, 울릉도 산지 나무 밑에서 자란다. 5~6월에 흰색 꽃이 원줄기 끝에 취산꽃차례로 달리고 꽃자루가 있다. 잎이 마르면 짙은 녹색으로 변하고, 향기가 있어서 맥주의 향료로 쓰인다고 한다.

나도하수오

삼도하수오

나도하수오 8월 무주 | 마디풀과 | 여러해살이풀 | 전국의 산기슭과 들판에 난다. 윗부분은 덩굴성으로 가지를 치고, 밑부분은 목질이다. 덩굴줄기는 굵고 속은 비었으며, 길이는 1~2m정도까지 자란다. 6~8월에 꽃이 핀다. **삼도하수오** 8월 태백 | 마디풀과 | 여러해살이풀 | 한국 특산종으로, 경상도·전라도·충청도 3도에 분포하며 하수오를 닮아 '삼도하수오'라고 한다. 잎은 심장형으로 어긋나고, 흰색 꽃이 긴 꽃대에 이삭꽃차례로 달린다.

닭의덩굴

큰닭의덩굴

닭의덩굴 8월 칠곡 | 마디풀과 | 한해살이 덩굴식물 | 화피편(花被片)에 날개가 있어 줄기에 주렁주렁 달려 있는 모습이 독특하다. 줄기가 많이 벋고 잘 자라 밭작물의 생육을 방해한다. 화피편 가장자리는 밋밋하다. **큰닭의덩굴** 8월 칠곡 | 마디풀과 | 한해살이풀 | 잎은 화살 모양 달걀형으로 어긋나며, 8~10월에 아주 작은 황록색 꽃이 줄기와 잎 사이에서 핀다. 화피편에 달린 날개 가장자리는 결각이 있다.

낚시돌풀

낚시돌풀 7월 부산 | 꼭두서니과 | 여러해살이풀 | 바닷가 바위틈에 난다. 줄기는 가지가 많이 갈라져서 옆으로 퍼져 자라며, 둥근 타원형의 잎은 두꺼운 육질이며 윤기가 있다. 7~8월에 흰색 꽃이 가지 끝에서 피는데, 4~5개로 갈라진 화관 가운데 원형의 홈이 있고 그 주변에 털이 있으며 그 안에 수술과 암술이 있다. 열매는 꽃받침통 속에 들어 있는 데 개미가 꽃통 안으로 들락날락하는 것으로 보아 개미를 매개로 수정하는 듯하다.

남가새

남가새 6월 제주도 | 남가새과 | 한해살이풀 | 제주도와 남부지방의 바닷가 모래땅에 자생한다. 7~8월에 노란색 꽃이 잎겨드랑이에 1개씩 핀다. 뿌리와 열매를 약용하는데, 열매는 강장제·정혈제·최유제로 사용한다. 우리나라에 1종만 분포하며, 보호가 필요한 식물이다.

능소화

능소화 7월 칠곡 | 능소화과 | 낙엽성 덩굴목 | 옛날에는 양반 댁 마당에 심어서 '양반꽃'이라고 불렸다고 한다. 가지에 담쟁이덩굴과 같은 흡착근이 있어서 담장·나무·바위 등에 붙어 올라간다. 7~9월에 지름 6~8cm 정도의 주홍색(짙은 적황색) 꽃이 피는데, 화관은 깔때기 모양으로 끝이 5개로 얕게 갈라진다. 꽃을 '능소화(凌霄花)', 뿌리를 '자위근(紫葳根)', 줄기잎을 '자위경엽(紫葳莖葉)'이라는 약재로 쓴다.

담자리꽃나무

백두산 서파에서 바위돌꽃과 함께 자라는 모습

담자리꽃나무 7월 백두산 | 장미과 | 상록성 낙엽 활엽 소관목 | 평안북도, 함경남북도의 고산지대 풀밭에 난다. 줄기는 가지를 치면서 옆으로 벋고, 6~7월에 지름 2cm가량 되는 흰 꽃이 가지 끝에 1개씩 핀다. 열매는 상투 모양이다.

도라지

도라지 7월 부산 | 초롱꽃과 | 여러해살이풀 | 양지바르고 토질이 비옥하며 물빠짐이 좋은 산지에 자생한다. 어린순과 뿌리를 식용하고, 뿌리 말린 것을 '길경(桔梗)'이라는 약재로 쓴다. 흰색 꽃이 피는 것을 '백도라지'라고 한다.

애기도라지

애기도라지 10월 전남 광주 | 초롱꽃과 | 여러해살이풀 | 제주도와 다도해의 섬 산기슭 풀밭에 난다. 키가 20~40cm 정도로 작다. 줄기는 밑부분에서 가지가 갈라지며, 주걱 모양의 잎자루가 없는 잎이 난다. 6~8월에 남자색으로 피는 꽃은 환경에 따라 10월에 피기도 한다. '아주 작은 도라지' 같다고 해서 붙은 이름이다.

돌부추

부추

돌부추 7월 부산 | 백합과 | 여러해살이풀 | 여름에 자잘한 꽃이 모여 둥그란 산형을 이루는데 주로 바닷가 바위틈에 핀다. **부추** 9월 합천 | 백합과 | 여러해살이풀 | 약간 매운맛이 있으며 온갖 식재료로 활용되므로 주로 재배한다. 야생에서 만나는 부추 꽃은 색다른 즐거움을 준다.

산부추

<u>산부추</u> 10월 합천 | 백합과 | 여러해살이풀 | 전국의 산지, 숲속, 풀밭에서 자란다. 8~11월에 붉은자주색 꽃이 핀다. 씨방 밑둥에 꿀주머니가 있어 나비가 많이 찾는 꽃이다.

동자꽃

동자꽃 7월 태백 | 석죽과 | 여러해살이풀 | 제주도와 울릉도를 제외한 전국의 깊은 산 숲에 난다. 7~8월에 지름 4cm 가량 되는 진한 주황색 또는 적색의 꽃이 핀다. 동자꽃류는 꽃이 전체적으로 우아한 느낌을 준다.

제비동자꽃

7월 정선 | 석죽과 | 여러해살이풀 | 한랭한 지역의 양지바르고 습한 고원에 난다. 7~8월에 진홍색 꽃이 핀다. 꽃잎이 제비 모양이라서 붙여진 이름이다.

털동자꽃

7월 백두산 | 석죽과 | 여러해살이풀 | 중부 이북의 산비탈 습기 있는 풀밭에서 자란다. 7~8월에 지름 4cm가량의 진홍색 꽃이 핀다.

흰동자꽃

7월 양양 | 석죽과 | 여러해살이풀 | 변이종. 7~8월에 지름 4cm가량의 흰색 꽃이 핀다.

두메양귀비

두메양귀비 7월 백두산 | 양귀비과 | 두해살이풀 | 함경북도 고산지대, 백두산 중턱에서 볼 수 있다. 7~8월에 연한 노란색 꽃이 꽃대 끝에 1송이 핀다. 식물 전체에 짧은 털이 퍼져 있다. 유독식물이다.

땅나리

땅나리 7월 대구 | 백합과 | 여러해살이풀 | 줄기는 곧추서며, 좁은 피침형 잎은 5~10cm가량 되고, 위로 갈수록 짧아진다. 7월에 황적색 꽃이 줄기 끝에서 1~7송이 달리는데 땅을 향해 있어서 '땅나리'라고 한다. 다른 나리에 비해 꽃송이가 매우 작다. 화편에 희미한 반점이 있고, 꽃잎 끝이 뒤로 완전히 말려 있다. ※나리 종류는 꽃이 어느 방향을 보고 피느냐 또는 주아의 유무에 따라 이름이 달라진다.

말나리

말나리 7월 금산 | 백합과 | 여러해살이풀 | 깊은 산 낙엽수림 아래 습한 반음지에서 잘 자란다. 줄기 중간 부분에서 4~9장의 긴 타원형의 잎이 돌려나고, 길이가 15cm 내외로 큰 편이다. 줄기 위쪽에는 작은 잎이 몇 개 어긋난다. 7월에 밝은 주황색 꽃이 옆을 보고 피는데 꽃잎에 진한 자주색 반점이 있다.

솔나리

솔나리 7월 태백 | 백합과 | 여러해살이풀 | 잎이 가늘고 솔잎처럼 생겨 '솔나리'라고 한다. 중부 이북의 고산지대에 주로 서식한다. 잎은 줄기 아랫부분에 다닥다닥 어긋나게 달린다. 7~8월에 진분홍색 꽃 1~4개가 줄기와 가지 끝에서 아래를 향해 핀다. 꽃잎 안쪽에 자주색 반점이 있고, 꽃잎 끝이 뒤로 젖혀진다.

흰솔나리

흰솔나리 7월 태백 | 백합과 | 여러해살이풀 | 솔나리와 비슷하며, 꽃이 흰색으로 핀다. 자연에서는 아주 귀한 변이종 꽃이다.

하늘말나리

하늘말나리 7월 해남 | 백합과 | 여러해살이풀 | 전국의 산기슭 낙엽수림 주변 반음지에서 자란다. 키는 1m가량 자라고, 줄기 중간쯤에 6~12개의 도란상 타원형의 잎이 돌려나고, 위로 갈수록 피침형의 작은 잎이 어긋난다. 7~8월에 황적색 꽃이 하늘을 보고 피는데, 꽃잎 표면에 자주색 반점이 있다. 꽃잎 끝은 뒤로 약간 젖혀진다. 어린순과 비늘줄기를 식용한다.

누른하늘말나리

누른하늘말나리 7월 해남 | 백합과 | 여러해살이풀 | 하늘말나리와 비슷하다. 황색 꽃이 하늘을 향해 핀다.

중나리

중나리 7월 영동 | 백합과 | 여러해살이풀 | 경기도 북부, 강원도, 경상북도 동부 지역의 개울가나 산지 경사면에서 잡초와 어울려 자란다. 7~8월에 황적색 꽃 2~10개가 원줄기 끝과 가지 끝에 달린다. 꽃잎 안쪽에 자주색 잔점이 촘촘하게 나 있고 꽃잎이 뒤로 말린다. 나리류 중에서 참나리 다음으로 키가 크다.

털중나리

털중나리 7월 영천 | 백합과 | 여러해살이풀 | 전국의 해발 1,000m 미만의 양지바르고 건조한 산지 풀밭에 자생한다. 잎과 줄기에 잔털이 많고 피침형 잎은 어긋난다. 6~8월에 진한 황적색 꽃이 피는데, 꽃잎 안쪽에 자주색 반점이 있다. 잎 밑면에 주아가 달리지 않는다.

참나리

날개하늘나리

참나리 7월 부산 | 백합과 | 여러해살이풀 | 줄기에는 자주색 반점이 빽빽하게 나 있고 잎은 두껍고 촘촘히 어긋나게 달린다. 잎 밑부분에 주아가 달려 있고, 황색이 도는 붉은색 꽃에는 진자주색 반점이 있다. 주아가 땅에 떨어져서 번식한다. 날개하늘나리 7월 백두산 | 백합과 | 여러해살이풀 | 강원도 북부의 높은 산의 햇볕이 잘 드는 풀밭에서 다른 풀들과 함께 자란다. 7~8월에 황적색 꽃이 하늘을 보고 핀다. 관상 가치가 큰 반면 자생지가 2~3곳에 불과하며 개체 수도 매우 적다. 나리류 가운데 가장 크다고 알려져 있다. 환경부 멸종 위기 야생식물 Ⅱ급이다.

뻐꾹나리

흰뻐꾹나리

뻐꾹나리 8월 옥천 | 백합과 | 여러해살이풀 | 잎은 아랫부분이 줄기를 감싼다. 꽃은 흰색으로 꽃자루와 꽃받침에 짧은 털이 많이 나 있다. 화피갈래조각에는 자주색 무늬가 있다. 6개의 긴 수술은 끝이 뒤로 살짝 말려 있다. 암술은 3개로 갈라진 뒤 다시 2개로 갈라진다. **흰뻐꾹나리** 8월 보은 | 뻐꾹나리와 같은데, 꽃이 흰색이다. 흰색 꽃잎 바탕에 반점이 전혀 없다. 흰뻐꾹나리는 자연에서는 보기 드문 귀한 변이종 꽃이다.

마삭줄

마삭줄 7월 의령 | 협죽도과 | 상록 활엽 덩굴식물 | 남부지방 바닷가 근처에서 잘 자란다. 6~7월에 흰색 꽃이 피어 노랗게 변한다. 줄기에서 뿌리가 내려 다른 나무를 감고 자란다. 약용·원예용으로 이용한다.

만삼

더덕

만삼 7월 태백 | 초롱꽃과 | 여러해살이풀 | 깊은 산속에서 자라며, 줄기와 잎에 잔털이 있고 줄기 단면에서 흰 유액이 나온다. 7~8월에 남색 줄무늬가 있는 종 모양의 연녹색 꽃이 곁가지 끝에서 1개씩 달린다. 인삼처럼 약용한다. 더덕 8월 충남 | 초롱꽃과 | 여러해살이풀 | 긴 타원형 잎 4장이 줄기에 돌려난 것처럼 보인다. 잎 앞면은 연녹색이고 뒷면은 분백색이 돈다. 종 모양의 꽃은 아래를 향해 피는데, 겉은 연녹색이고 안쪽에 자갈색 점이 있다. 화관은 5개로 갈라져 뒤로 말린다. 뿌리를 식용·약용하고, 꽃과 새순도 식용한다.

매발톱

매발톱 7월 백두산 | 미나리아재비과 | 여러해살이풀 | 전국의 계곡 근처, 풀밭 양지바른 곳에서 자란다. 자주색 줄기는 가지가 여러 갈래로 갈라진다. 5~7월에 노란색이 도는 자주색 꽃이 아래를 향해 핀다.

하늘매발톱

하늘매발톱 7월 백두산 | 미나리아재비과 | 여러해살이풀 | 북한의 낭림산 이북 고산지대 암석이 많은 곳에서 자란다. 7~8월에 밝은 하늘색 또는 자주색 꽃이 아래를 향해 핀다. 백두산의 고산 식물에는 흔히 '하늘', '구름', '두메' 등을 앞에 붙이는 경우가 많다.

문주란

문주란 7월 제주도 | 수선화과 | 상록성 여러해살이풀 | 제주도 해변 모래땅에 자생한다. 7~9월에 흰색 꽃이 피는데, 꽃대 길이가 50~80cm가량 된다. 자생지 보호 대책이 필요한 귀한 식물이다. 제주시 구좌읍의 토끼섬은 문주란 군락지로 유명하다. 잎을 '나군대(羅裙帶)', 뿌리를 '나군대근(羅裙帶根)', 열매를 '문주란과(文珠蘭果)'라는 약재로 쓴다.

물싸리

물싸리 7월 백두산 | 장미과 | 낙엽 활엽 관목 | 백두산 고산 암석 지대에서 키 작은 풀, 소관목들과 어울려 군락을 이룬다. 6~8월에 지름 3cm가량 되는 노란색 꽃이 핀다. 잎을 '약왕다(藥王茶)', 꽃을 '금로매화(金老梅花)'라는 약재로 쓴다. ※함백산에서 물싸리 증식에 성공하였다는 소식이 있다.

부처꽃

미국좀부처꽃

부처꽃 7월 구미 | 부처꽃과 | 여러해살이풀 | 곧추서는 줄기는 위에서 약간의 가지를 치고, 피침 모양의 잎은 마주난다. 7~8월에 진분홍색의 자잘한 꽃이 긴 꽃대 위에 층층이 돌려난다. 백중날 불전에 이 꽃을 바쳤다고 한다. **미국좀부처꽃** 10월 칠곡 | 부처꽃과 | 한해살이풀 | 북아메리카 원산의 귀화식물이다. 좁은 선형의 잎은 줄기에 지그재그로 마주난다. 크기 1mm가량의 아주 작은 분홍색 꽃이 잎겨드랑이에 2~4개 달린다.

왜우산풀

왜우산풀 7월 정선 | 산형과 | 여러해살이풀 | 깊은 산 양지바른 곳에서 자란다. 6~7월에 흰색의 꽃이 원줄기 끝이나 가지 끝에 겹우산모양꽃차례로 달린다. 특유의 향기가 있는 연한 잎과 줄기를 나물로 먹는데, 고기를 먹은 뒤 소화력을 높이고 입맛을 돋우는 효과가 있다. '누릿대', '누룩취'라는 이름으로 더 잘 알려져 있다.

어수리

어수리 8월 정선 | 산형과 | 여러해살이풀 | 섬 지방을 제외한 전국의 비옥한 토질의 반음지나 양지에서 자란다. 7~8월에 흰색의 꽃이 가지와 원줄기 끝에 겹우산모양꽃차례로 달린다. 어린순을 나물로 먹는데, 고려엉겅퀴(곤드레)처럼 어수리밥도 지어 먹는다.

고추나물

고추나물 8월 김천 | 물레나물과 | 여러해살이풀 | 잎은 넓은 피침형으로 마주나면서 줄기를 완전히 감싼다. 7~8월에 노란색 꽃이 가지 끝에 뭉쳐 달린다. 꽃받침과 꽃잎은 각 5개이며, 검은 점이 있다. '고추나물'이라는 이름은 열매가 고추처럼 빨갛게 익어서 붙은 이름인 듯하다.

애기고추나물

애기고추나물 7월 부산 | 물레나물과 | 한해살이 또는 여러해살이풀 | 줄기에 능선이 있고 잎은 넓은 달걀형으로 마주나며 밑부분이 줄기를 반 정도 감싼다. 잎에 투명한 유점이 빽빽히 나 있다. 7~8월에 황색의 꽃이 피는데 꽃받침보다 꽃잎이 짧다. 수술은 10~20개로 많이 달린다.

채고추나물

채고추나물 8월 안산 | 물레나물과 | 여러해살이풀 | 줄기에 검은 점이 있고, 달걀형의 잎은 줄기를 반쯤 감싼다. 잎에도 검고 투명한 점이 있으며 가장자리는 뒤로 약간 말려 있다. 꽃은 황색으로 피는데 비뚤어진 달걀형으로 끝이 갑자기 뾰족해진다. 꽃잎 가장자리는 물결 모양으로 꽃잎에 검은 점이 있으며, 수술은 40개 전후로 아주 많다.

좀고추나물

8월 상주 | 능선이 있는 줄기를 타원형의 잎이 반쯤 감싼다. 꽃은 노란색으로 피고 타원형의 꽃잎은 꽃받침보다 짧고 수술은 5~8개이다. 애기고추나물보다 수술의 수가 작다.

물고추나물

8월 강원 고성 | 중부 이남의 습지에서 자란다. 8~9월에 연홍색 꽃이 피고, 키는 30~70cm이다. 줄기는 곧게 서며 밑부분에 적자색이 돈다. 개체 수가 많지 않아 보호가 필요하다.

흰물고추나물

8월 강원도 고성 | 물고추나물과 같으며, 꽃이 흰색으로 피는 귀한 식물이다.

새박

새박 8월 남원 | 박과 | 한해살이풀 | 저수지나 습기 있는 산지 가장자리에 드물게 난다. 마주나는 가는 덩굴손으로 물체를 감고 올라가고, 잎몸은 둥근 삼각형으로 밑은 심장저이다. 7~8월에 흰색의 꽃이 피고, 녹색의 둥근 열매가 익으면 흰색 구슬 모양이 된다. 열매는 긴 줄기에 아래로 처져서 매달린다.

뚜껑덩굴

뚜껑덩굴 9월 창녕 | 박과 | 한해살이풀 | 열매 윗부분이 도토리 뚜껑 같아서 '뚜껑덩굴'이라고 부른다. 삼각형 잎은 모서리가 뾰족하며 밑은 심장저이다. 8~9월에 황록백색의 꽃이 피는데, 암꽃은 잎겨드랑이에서 나온 꽃대에 1개씩 피고 수꽃은 여러 개의 꽃이 모여 달린다. 달걀 모양의 열매는 길이가 15mm가량 된다.

솔나물

솔나물 7월 태백 | 꼭두서니과 | 여러해살이풀 | 전국의 양지바른 숲 가장자리 또는 묘지 주변에서 잡초와 섞여 자란다. 솔잎처럼 가는 잎이 8~10개가 돌려나고, 6~8월에 피는 노란 꽃은 매우 향기롭다. 어린순은 식용한다. ※아주 작은 솔나물 꽃을 접사로 담아 내는 인고의 시간이 있지만 솔나물 향기로 인해 피곤함도 잊는다.

수박풀

수박풀 9월 정선 | 아욱과 | 한해살이풀 | 유럽 원산의 귀화식물로, 잎은 수박잎 같고 씨방은 등잔불 같다. 줄기는 흰 털이 나고, 3~5갈래로 깊이 갈라지는 잎은 가장자리가 톱니 모양이다. 7~9월에 연한 노란색이 도는 흰색 꽃이 핀다. 꽃송이는 11개의 포와 5개의 꽃받침, 5개의 꽃잎으로 이루어진다. 열매는 검고 뚜렷한 맥을 가진 꽃받침에 싸여 있다.

순비기나무

순비기나무 7월 부산 | 마편초과 | 상록 관목 | 중부 이남의 해안가 모래땅에 나는데, 내염성·내한성이 강하다. 마주나는 잎은 두텁고, 잎면은 회백색 잔털이 있으며, 잎 뒷면은 은백색 털로 덮여 있다. 7~9월에 남보라색 꽃부리가 꽃줄기에 많이 달린다. 꽃잎 하순은 끝이 3개로 갈라지고, 중앙부에 흰색 무늬와 털이 있다. 흰색 꽃이 피는 종류도 있다. 잎과 열매를 약재로 쓴다.

쉽싸리

쉽싸리 7월 상주 | 꿀풀과 | 여러해살이풀 | 줄기는 곧추서고 단면은 사각이다. 잎은 넓은 창끝 모양으로 마주나며, 가장자리엔 날카로운 톱니가 있다. 7~8월에 입술 모양의 흰 꽃이 잎겨드랑이에 돌려난다. 어린순을 식용하고, 줄기 잎을 '택란(澤蘭)', 뿌리줄기를 '지순(地筍)'이라는 약재로 쓴다.

익모초

8월 상주 | 꿀풀과 | 두해살이풀 | 줄기에서 난 잎은 어긋나고 윗부분에 난 잎은 끝이 창끝처럼 갈라진다. 7~8월에 홍자색 꽃이 잎겨드랑이에 층층이 돌려난다. 입술 모양 꽃잎은 하관이 넓게 3개로 갈라져 아래로 처진다. 맛이 매우 쓰다. 전초를 '익모초(益母草)', 열매를 '충위자(茺蔚子)'라는 약재로 쓴다.

꽃층층이꽃

8월 상주 | 꿀풀과 | 여러해살이풀 | 전국 산과 들에 흔히 자란다. 네모난 줄기는 짧은 털이 있으며, 잎은 긴 난형으로 마주난다. 가장자리엔 톱니가 있다. 7~8월에 붉은보라색 꽃이 잎겨드랑이에 층층이 달린다. 입술 모양의 꽃 상순은 오목하게 들어가고 하순은 3갈래로 갈라진다. 꽃잎 안쪽에 자주색 점이 있다.

층꽃나무

9월 거제 | 마편초과 | 낙엽 활엽 관목 | 남부지방의 양지바르고 척박한 비탈이나 바위틈에서 잘 자란다. 7~10월에 남보라색 꽃이 핀다. 생장점 가지는 겨울 동안 죽고, 일년생 가지에 털이 촘촘하게 난다. 전초를 '난향초(蘭香草)'라는 약재로 쓴다.

시호

시호 7월 단양 | 산형과 | 여러해살이풀 | 전국의 산과 들에서 자란다. 키는 70cm가량 자라며, 원줄기는 가늘고 딱딱하며 매끈하고, 윗부분에서 약간의 가지를 친다. 8~9월에 황색의 꽃이 겹우산모양꽃차례로 많이 달린다. 어린순을 식용하고, 뿌리를 '시호(柴胡)'라는 약재로 쓴다.

개시호

섬시호

개시호 7월 무주 | 산형과 | 여러해살이풀 | 깊은 산의 나무 밑이나 풀밭에 난다. 키는 150cm까지 자라며, 식물 전체가 매끈하고 윗부분에서 약간의 가지를 친다. 7~8월에 황색의 꽃이 겹우산모양꽃차례로 많이 달린다. 어린순을 식용하고 뿌리를 약재로 쓴다. **섬시호** 5월 울릉도 | 산형과 | 여러해살이풀 | 울릉도 해안의 숲속에 난다. 5월에 황색의 꽃이 줄기나 가지 끝에 겹우산모양꽃차례로 달린다. 환경부 멸종 위기 야생식물 Ⅱ급이다.

종덩굴

종덩굴 8월 김천 | 미나리아재비과 | 낙엽성 덩굴목 | 중부 이북의 숲속 습하고 그늘진 곳에서 자란다. 잎은 달걀형의 타원형으로 마주나며, 끝은 뾰족하고 3개로 갈라진 것도 있다. 여름에 종 모양의 암자색 꽃이 아래를 보고 핀다. 꽃처럼 보이는 꽃받침은 진한 자주색으로 4개로 갈라져 뒤로 젖혀지는데 끝이 뾰족하고 두텁다.

세잎종덩굴

세잎종덩굴 7월 양양 | 미나리아재비과 | 낙엽성 덩굴목 | 높은 산 숲속에서 자란다. 8cm 길이의 잎은 끝이 3개로 얕게 갈라지고 가장자리는 불규칙한 톱니가 있다. 꽃잎처럼 보이는 꽃받침은 적자색을 띠고, 꽃받침조각은 4개로 깊게 갈라져 끝은 뾰족한 피침형이며 털이 밀생한다.

쥐방울덩굴

쥐방울덩굴 7월 군위 | 쥐방울덩굴과 | 덩굴성 여러해살이풀 | 전국의 산과 들, 숲 가장자리에 난다. 잎은 달걀형의 심장형이고, 7~8월에 피는 꽃은 꽃잎이 없고 꽃받침이 통 모양으로, 밑부분은 둥글게 커지고 중간은 좁아졌다가 윗부분은 나팔처럼 넓어지면서 한쪽 끝이 길고 뾰족하게 된다. 꼬리명주나비 유충의 식이 식물이다. 익은 열매를 '마두령(馬兜鈴)', 뿌리를 '청목향(青木香)', 줄기잎을 '천선등(天仙藤)'이라는 약재로 쓴다.

열매가 익어 벌어지면 낙하산을 뒤집어 놓은 것 같은 모양이 된다.

큰조롱

큰조롱 7월 칠곡 | 박주가리과 | 여러해살이풀 | 덩굴성 식물로, 잎은 달걀형 심장형으로 끝이 뾰족하다. 꽃은 노란색이 도는 연녹색으로 짧은 꽃대에서 둥글게 뭉쳐 핀다. 꽃잎은 5갈래로 갈라지는데 활짝 벌어지지 않고 핀다. 열매는 댓잎피침형의 골돌과가 달려 익는데 씨에 긴 털이 있다. 박주가리 열매와 비슷하다. '은조롱' 또는 '하수오'로도 불리며, 뿌리는 '백수오(白首烏)'라는 한약재로 쓴다.

넓은잎큰조롱

세포큰조롱

넓은잎큰조롱 8월 안산 | 박주가리과 | 여러해살이풀 | 얼핏 잎이 큰조롱과 비슷하지만 큰조롱은 꽃이 닫힌 채 피고 넓은잎큰조롱은 꽃받침이 뒤로 젖혀지면서 꽃도 활짝 핀다. 뿌리를 '이엽우피소(異葉牛皮消)'라고 부른다. **세포큰조롱** 7월 대구 | 박주가리과 | 여러해살이풀 | 잎은 피침형으로 마주나며 밑부분은 수평 또는 심장저이다. 꽃은 연한 녹색이 도는 흰색으로 피며 꽃잎은 5개로 깊이 갈라지고 끝이 길게 뾰족하여 불가사리 같다. 안쪽에 잔털이 밀생한다.

박주가리

박주가리 8월 칠곡 | 박주가리과 | 여러해살이풀 | 덩굴성으로 잎은 마주나고 심장 모양이며 끝이 뾰족하다. 잎 뒷면은 분록색을 띤다. 담자색 꽃은 별 모양이며 5갈래로 갈라진 꽃잎은 긴 솜털이 많이 나 있다. 박주가리 열매가 익어 갈라지면서 씨앗이 바람에 다 날아가 버리면 갈라진 열매 안쪽이 마치 바가지 같다. 덜 익은 열매는 식용한다.

박주가리 열매

박주가리 열매 씨앗이 바람을 타고 날아간다.

박주가리(흰색)

8월 칠곡 | 박주가리과 | 여러해살이풀 | 박주가리와 비슷하며, 꽃만 흰색이다. 흰박주가리라는 이름이 따로 있지는 않다.

흑박주가리

8월 양산 | 박주가리과 | 여러해살이풀 | 중부 이남의 산과 들에 난다. 줄기 아랫부분이 곧게 서다가 길어지면 덩굴성으로 변한다. 잎은 마주나고 긴 타원형의 창 모양으로 끝이 많이 뾰족하다. 가장자리는 밋밋하고 잔털이 있다. 7~8월에 검붉은색 꽃이 잎겨드랑이에 모여 달린다. 화관은 5장으로 갈라져 끝이 뾰족한 삼각형이다.

왜박주가리

7월 대구 | 박주가리과 | 여러해살이풀 | 잎은 삼각 피침형으로 잎 표면에 약간의 털이 있다. 6~7월에 흑자색 꽃이 피는데, 잎겨드랑이에서 긴 가지가 여러 갈래로 갈라져 나와 그 끝에 자잘한 꽃들이 달린다. 꽃부리는 작은 피침형으로 5개씩 갈라진다.

덩굴박주가리

덩굴박주가리(녹화)

덩굴박주가리 8월 용인 | 박주가리과 | 여러해살이풀 | 식물 전체에 털이 있으며, 마주나는 잎은 긴 타원형으로 끝은 뾰족하고 밑은 얕은 심장저이다. 7~8월에 녹색이 도는 누른 빛 꽃이 잎겨드랑이에서 나온 짧은 꽃대에 달린다. 화관은 5개로 갈라져 있다. **덩굴박주가리(녹화)** 덩굴박주가리 꽃이 변이되었다.

큰백령풀

큰백령풀 7월 괴산 | 꼭두서니과 | 한해살이풀 | 북아메리카 원산의 귀화식물이다. 6~9월에 흰색 꽃이 잎겨드랑이에서 피고 지기를 반복한다. 줄기는 뿌리에서 갈라져 방석처럼 옆으로 퍼진다.

털백령풀

털백령풀 7월 상주 | 꼭두서니과 | 한해살이풀 | 줄기엔 퍼진 털이 있다. 잎은 피침형으로 마주나며 줄기를 감싸는데 감싼 곳 사이에 8mm가량 되는 굵은 털이 돌려난다. 잎 뒷면의 맥과 가장자리에 잔털이 있고 뒤로 약간 말린다. 꽃은 잎겨드랑이에서 연홍색으로 핀다. 털의 유무로 백령풀과 털백령풀로 나뉜다. 꽃이 작지만 참 예쁘다.

하늘타리

노랑하늘타리

하늘타리 7월 대구 | 박과 | 여러해살이풀 | '하늘수박'이라고도 하며 줄기가 덩굴손으로 다른 물체를 감고 올라간다. 잎은 단풍잎처럼 5~7개로 갈라지고 밑은 심장 모양이다. 7~8월에 노란색이 도는 흰색 꽃이 피는데 5갈래로 갈라지고 화관 끝은 실처럼 잘게 갈라진다. 3개의 수술은 황색이다. 열매와 뿌리를 약용한다. ※하늘타리 두 종은 잎 모양으로 구분한다. 노랑하늘타리 7월 제주 | 박과 | 여러해살이풀 | 하늘타리와 비슷하나 잎이 넓은 심장 모양으로 가장자리가 3~5개로 얕게 갈라진다. 암꽃과 수꽃이 흰색으로 따로 피는데 5장의 꽃잎이 별 모양으로 끝이 실처럼 갈라진다.

황근

황근 7월 제주도 | 아욱과 | 낙엽 활엽 관목 | 제주도 해안가에 자생한다. 6~8월에 지름 5cm가량의 연한 황색 꽃이 핀다. 꽃 모양이 무궁화를 닮았다. 환경부 멸종 위기 야생식물 Ⅱ급이다.

각시취

각시취 8월 태백 | 국화과 | 두해살이풀 | 줄기는 곧추서고 골이 져 있다. 긴 타원형의 잎은 끝이 깊게 갈라지며 어긋난다. 8~9월에 꽃은 자주색 또는 흰색 꽃이 원줄기와 가지 끝에 산방상으로 달린다. ※'취'라는 이름이 붙은 식물은 대부분 어린순을 식용한다.

분취

8월 태백 | 국화과 | 여러해살이풀 | 경기도와 강원도 산지에 난다. 줄기와 잎 표면에 꼬불꼬불한 거미줄 같은 털이 빽빽하게 나 있다. 잎 가장자리는 톱니가 있고 어긋난다. 7~9월에 연보라색 꽃이 가지 끝에 달린다. 자줏빛 총포는 종 모양으로 흰 털이 밀생한다.

은분취

9월 태백 | 국화과 | 여러해살이풀 | 전국 산지의 양지바른 풀밭에 난다. 삼각상 타원형의 잎은 밑부분이 심장저이고 줄기와 잎에 거미줄 같은 흰 털이 있다. 8~9월에 연홍색 꽃이 머리모양꽃차례로 달리며, 총포는 타원형의 통 모양이고 흰 털이 밀생한다.

두메분취

7월 백두산 | 국화과 | 여러해살이풀 | 낭림산 이북의 고산지대에서 자란다. 키는 10~25cm가량이고, 줄기는 곧추서고 가지를 치지 않으며, 흰 털이 빽빽하게 나 있다. 7~9월에 자주색 꽃이 핀다.

곰취

화살곰취

곰취 7월 백두산 | 국화과 | 여러해살이풀 | 전국의 고산지대 깊은 산에서 자생한다. 7~9월에 지름 4~5cm가량의 황색 꽃이 핀다. 뿌리와 뿌리줄기를 '호로칠(胡蘆七)'이라는 약재로 쓴다. **화살곰취** 7월 백두산 | 국화과 | 여러해살이풀 | 낭림산 이북의 깊은 산에서 자란다. 7~8월에 황색의 꽃이 줄기 끝에 1개의 머리모양꽃차례로 달린다. 어린순을 식용하고, 뿌리를 곰취처럼 약재로 쓴다.

서덜취

참취

서덜취 8월 태백 | 국화과 | 여러해살이풀 | 전국 깊은 산에 난다. 잎은 어긋나고 표면은 녹색으로 뒷면은 흰색이 조금 돈다. 7~10월에 자주색 통꽃이 원줄기 끝에 4~6개 달린다. 종 모양인 포의 포편은 검은색으로 끝이 뾰족하며 뒤로 젖혀진다. **참취** 8월 상주 | 국화과 | 여러해살이풀 | '취나물', '나물취'라는 이름으로 잘 알려져 있다. 전국의 들과 산에서 자라며, 재배도 한다. 8~10월에 피는 꽃은 흰색 설상화와 노란색 관상화로 이루어져 있다.

미역취

미국미역취

미역취 8월 합천 | 국화과 | 여러해살이풀 | 줄기에서 나온 잎은 날개를 가진 잎자루가 있고 달걀형의 긴 타원형인데, 꽃이 필 무렵 없어진다. 줄기 윗부분으로 갈수록 잎이 좁아지면서 작아진다. 7~10월에 노란색 두상화가 모여 달려 큰 꽃이삭을 이룬다. 미역취 종류를 '일지황화(一枝黃花)'라는 약재로 쓴다. **미국미역취** | 8월 청원 | 국화과 | 여러해살이풀 | 키가 1m 이상 된다. 8~9월에 황색의 꽃이 원줄기와 가지에 두상화를 이룬다.

개미취

8월 대전 | 국화과 | 여러해살이풀 | 전국의 산지 계곡, 풀밭 양지바른 곳에서 자란다. 7~10월 사이에 연보라색 꽃이 가지 끝과 원줄기 끝에 산방상으로 달린다. 어린순을 식용하고, 개미취 종류의 뿌리와 뿌리줄기를 '자원(紫菀)'이라는 약재로 쓴다.

벌개미취

10월 남원 | 국화과 | 여러해살이풀 | 습기가 많은 곳에서 자라며, 피침형의 잎은 어긋나고 가장자리엔 톱니가 있다. 6~10월에 연보라색 꽃이 줄기와 가지 끝에 1개씩 달린다. 열매는 가을에 시든 꽃잎을 붙인 채 익는다.

좀개미취

10월 정선 | 국화과 | 여러해살이풀 | 오대산 이북의 산지 계곡의 반음지에서 자란다. 8~10월에 지름 4cm가량의 자주색 꽃이 머리모양꽃차례로 핀다. 분포지가 제한되어 있는 희귀식물이다.

단풍취

9월 김천 | 국화과 | 여러해살이풀 | 줄기의 긴 잎자루에 달린 잎이 손바닥 모양으로 나는데 잎의 끝은 7~11개로 얕게 갈라지고, 갈라진 조각은 다시 3개로 얕게 갈라져 잎 모양이 단풍잎을 닮았다. 7~9월에 흰색 꽃이 줄기 끝에 모여 달린다. 꽃 열편은 좁고 길게 여러 갈래로 갈라진다.

수리취

10월 합천 | 국화과 | 여러해살이풀 | 줄기 윗부분에서 가지가 2~3개 갈라지며 자주색 줄기에는 흰 털이 밀생한다. 줄기 밑부분에서 어긋나게 달리는 잎은 긴 타원형으로, 끝은 뾰족하고 밑은 둥글며 가장자리는 일그러진 톱니 모양이다. 9~10월에 진한 자줏빛 꽃이 통형으로 달리는데, 총포는 종형으로, 갈색·자주색·녹색이 섞여 있다. 강원도에서 수리취떡을 만들어 먹는다.

좀딱취

11월 태안 | 국화과 | 여러해살이풀 | 상록성으로 가지가 갈라지며 잎은 원줄기 밑에서 콩팥 모양이고 양면에 털이 있으며 가장자리가 5개로 얕게 갈라진다. 흰색 꽃은 두화로 달리며, 화경은 짧고 포편은 5줄로 배열되어 외편은 달걀형이고 내편의 작은 꽃잎은 폐쇄화로 된다. ※야생화 중에서 꽃이 가장 늦게 피므로, 좀딱취를 찍고 나면 그해의 야생화 촬영은 끝이 난다.

구슬꽃나무

구슬꽃나무 8월 충남 | 꼭두서니과 | 낙엽 활엽 관목 | 제주도 중산간 계곡 주변에 서식한다. 나무 줄기는 진한 자주색이고, 잎은 피침형으로 마주나며 가장자리는 밋밋하다. 7~8월에 흰색 또는 연분홍색 꽃이 피는데 암술대가 흰색이고 끝은 둥글며 아주 길다. 꽃 전체 모양은 둥근 공 같다. 우리나라에 1속 1종밖에 없는 희귀 식물이다. ※자생지는 제주도지만 원예용으로 기르는 곳이 있어 충남에서 촬영하였다.

누린내풀

누린내풀 8월 용인 | 마편초과 | 여러해살이풀 | 중부 이남의 양지바르고 토질이 좋은 곳에서 자란다. 7~8월에 벽자색 꽃이 원줄기 끝과 가지 끝에 원뿔 모양으로 성기게 달린다. 꽃이 필 때 누린내가 난다고 해서 붙여진 이름으로, '노린재풀', '구렁내풀'이라고 부른다. 전초를 '화골단(化骨丹)'이라는 약재로 쓴다.

달맞이꽃

애기달맞이꽃

달맞이꽃 8월 대전 | 바늘꽃과 | 두해살이풀 | 귀화식물로, 전국의 개울가나 길가, 휴경지에 흔히 난다. 7~8월에 노란색 꽃이 저녁에 피었다가 아침에 꽃을 닫는다. 씨앗을 약재로 쓴다. 애기달맞이꽃 6월 제주도 | 바늘꽃과 | 두해살이풀 | 제주도 남쪽 해안가 모래땅에서 볼 수 있으며, 관상용으로 심어 가꾼다.

닭의장풀

덩굴닭의장풀

닭의장풀 8월 칠곡 | 닭의장풀과 | 한해살이풀 | 줄기에서 가지가 많이 갈라지고 마디에서 뿌리가 내린다. 어긋나는 잎은 달걀형의 창 모양이다. 7~8월에 하늘색 꽃이 잎겨드랑이에서 나온 꽃대 끝의 포에 싸여 핀다. 꽃잎은 3장으로, 위쪽 2장은 크고 둥글며, 아래쪽 1장은 끝이 뾰족하고 작다. 어린순을 식용하고, 전초를 '압척초(鴨跖草)'라는 약재로 쓴다. **덩굴닭의장풀** 8월 대구 | 닭의장풀과 | 한해살이풀 | 줄기는 가지를 치며 자라고 줄기가 있는 잎은 심장저로 끝은 아주 길고 날카롭다. 흰색으로 피는 꽃잎은 투명하며, 수술대에 노랗고 가늘며 꼬불꼬불한 긴 털이 있다.

좀닭의장풀

애기닭의장풀

좀닭의장풀 8월 남원 | 닭의장풀과 | 한해살이풀 | 닭의장풀과 비슷하나 줄기를 감싸고 있는 잎집과 넓은 심장 모양의 포엽에 흰색 털이 나 있다. **애기닭의장풀** 9월 남원 | 닭의장풀과 | 한해살이풀 | 닭의장풀과 비슷하나 염색체의 변이 현상으로 여기기도 한다. 꽃이 닭의장풀보다 현저히 작다. 꽃 색은 연한 하늘색 또는 분홍색을 띤 하늘색으로, 2장의 꽃잎이 포에서 약간 나오는데 아래 꽃잎은 포 속에 들어가 있다.

담배풀

9월 정선 | 국화과 | 두해살이풀 | 전국의 산지나 숲 가장자리에서 자란다. 8~9월에 꽃이 핀다. 어린순을 식용하고, 뿌리와 줄기잎을 '천명정(天名精)', 열매를 '학슬(鶴蝨)'이라는 약재로 쓴다.

여우오줌

9월 태백 | 국화과 | 여러해살이풀 | 경기도, 강원도 이북의 산지 숲속에서 자란다. 8~9월에 황색의 꽃이 핀다. 꽃이 붙어 있는 잎자루는 즙을 내어 타박상이나 종기가 난 부위에 바르고, 열매를 구충제로 사용한다.

우단담배풀

8월 제주 | 현삼과 | 두해살이풀 | 아메리카 원산의 귀화식물로, 길가나 목초지에서 자란다. 줄기와 잎에 우단 같은 털이 밀생한다.

닻꽃

닻꽃 8월 가평 | 용담과 | 한해살이 또는 두해살이풀 | 북방계 식물로, 강원도 이북의 깊은 산지에서 자란다. 마주나는 잎은 끝이 뾰족한 긴 타원형으로, 3~5개의 맥이 있다. 7~8월에 연한 황록색 꽃이 피는데, 꽃받침은 4개로 갈라지고 화관도 4개로 깊게 갈라져 열편 밑부분에 꿀주머니가 있다. 환경부 멸종 위기 야생식물 Ⅱ급이다.

대나물

끈끈이대나물

대나물 8월 상주 | 석죽과 | 여러해살이풀 | 전국의 양지바른 산지에 분포한다. 줄기는 가지를 많이 치며 좁은 피침형 잎은 마디마다 마주나서 대나무와 흡사하다. 6~8월에 아주 작은 흰색 꽃이 산방상 취산꽃차례로 많이 달린다. **끈끈이대나물** 8월 칠곡 | 석죽과 | 한해살이 또는 두해살이풀 | 식물 전체가 분백색이 돌며 줄기 윗부분에서 끈끈한 점액을 분비해 작은 곤충들이 붙어 있기도 한다. 6~8월에 피는 붉은색 꽃이 아름다워 관상용으로 많이 재배한다.

두메투구꽃

두메투구꽃과 하늘매발톱

두메투구꽃 7월 백두산 | 현삼과 | 여러해살이풀 | 평안도에서부터 백두산 주변 지역의 풀밭에 난다. 7~8월에 보라색 꽃이 피는데 꽃잎 안쪽에 짙은 색의 맥이 있다.

땅빈대

애기땅빈대

땅빈대 8월 칠곡 | 대극과 | 한해살이풀 | 줄기는 가지가 갈라지면서 땅 위를 기면서 자란다. 잎은 타원형으로 마주나며 잎면엔 무늬가 없다. 8~9월에 연한 붉은색 꽃이 피며, 열매는 능선이 3개 있고 털이 없다. **애기땅빈대** 8월 구미 | 대극과 | 한해살이풀 | 줄기가 많이 갈라져 땅 위를 기면서 자라며, 잎은 긴 타원형으로 잎 한가운데에 자주색 반점이 있다. 6~8월에 붉은빛이 도는 녹색 꽃이 핀다. 달걀형 열매에 털이 있다. ※땅빈대·애기땅빈대·큰땅빈대의 전초를 '지금초(地錦草)'라는 약재로 쓴다.

큰땅빈대

마디풀

큰땅빈대 8월 구미 | 대극과 | 한해살이풀 | 줄기는 비스듬히 서고 가지는 보통 2개씩 갈라진다. 긴 타원형 잎 가장자리에 톱니가 고르게 있고 수평으로 퍼지면서 마주난다. 8~9월에 연한 적자색 또는 흰색 꽃이 핀다. 캡슐 열매에 털은 없고 능선이 3개 있다. **마디풀** 10월 칠곡 | 마디풀과 | 한해살이풀 | 식물 전체가 백록색을 띠고 줄기에 세로줄이 있다. 가지가 많이 갈라져 비스듬히 서서 자라다가 밟히면 그대로 땅을 기며 자란다. 타원형 잎은 마주나고, 백록색 꽃잎 가장자리는 붉은색이다. 어린순을 식용하고, 전초를 '편축(篇畜)'이라는 약재로 쓴다. ※땅빈대와 마디풀은 종이 다르지만 생육 환경과 모양이 비슷하다.

만수국아재비

만수국아재비 8월 칠곡 | 국화과 | 한해살이풀 | 귀화식물이다. 곧추서서 자라며 위에서 가지를 많이 친다. 문지르면 좋지 않은 냄새가 난다. 잎은 깃털 모양으로 갈라져서 가장자리엔 가늘고 뾰족한 톱니가 있다. 꽃은 황색으로 뭉쳐나며 3~4개의 혀꽃으로 이루어져 있다.

비수리

비수리 8월 양구 | 콩과 | 여러해살이 초본성 아관목 | 전국의 산기슭, 묵정밭, 들판에 난다. 키는 1~1.5m가량 되고, 줄기는 곧게 자라서 가지가 많이 갈라진다. 8~9월에 피는 흰색 꽃 가운데에 자주색 줄이 있다. 전초를 '야관문(夜關門)'이라는 약재로 쓴다.

작살나무

좀작살나무

작살나무 8월 원주 | 마편초과 | 낙엽 활엽 관목 | 평안남도와 강원도 이남의 반음지에서 잘 자란다. 나무 줄기가 둥글고 별 모양의 털이 있다가 점차 없어진다. 8월에 연보라색 꽃이 피고 10월에 보라색의 반짝이는 구슬 같은 열매가 익는다. **좀작살나무** 8월 원주 | 나무 줄기가 네모나고 별 모양의 털이 있다. 도심에서도 개화와 결실이 잘 이루어진다.

장구밤나무

장구밤나무 8월 당진 | 피나무과 | 낙엽 활엽 관목 | 경기도 이남 서해안에 주로 자생한다. 6~8월에 지름 1cm가량의 연노랑 꽃이 핀다. 쑥색의 잎은 우아한 느낌을 주고, 장구 모양의 황색 열매도 아름다워 관상수로 인기 있다. '장구밥나무'로도 불린다.

무릇

흰무릇

무릇 9월 부산 | 백합과 | 여해살이풀 | 바닷가 풀밭이나 산소 주변에서 많이 보인다. 잔디밭이나 키 작은 잡초밭 등 사람들이 풀을 깎는 곳에서 잘 자라는 것은 햇빛을 많이 받기 위한 전략이 아닐까 싶다. 어린순을 식용하고, 뿌리줄기는 엿처럼 조려서 먹었던 구황식물이다. 흰무릇 9월 부산 | 백합과 | 여해살이풀 | 해가 잘 드는 들판에서 자란다. 흰 꽃이 핀다.

석산(꽃무릇)

석산(꽃무릇) 9월 영광 | 수선화과 | 여러해살이풀 | '꽃무릇'이라고 하며, 절 주변에 대량으로 심어 관광 자원으로 많이 활용한다. 열매를 달지 못하고, 꽃이 지고 나면 녹색의 잎이 나오는데 겨울까지도 잘 견디다가 꽃을 피우기 위한 준비로 봄에 시들어 없어진다. 유독식물로, 비늘줄기를 한방에서 약재로 쓰고, 뿌리의 녹말을 탱화 재료로 쓴다.

물매화

물매화 8월 단양 | 물매화과 | 여러해살이풀 | 높은 산 습지에서 풀과 함께 자란다. 잎은 둥근 심장형으로, 긴 줄기 아랫부분에서 줄기를 반쯤 감싸고 있다. 꽃은 흰색으로 긴 줄기 끝에 1개씩 달린다. 수술은 5개고 헛수술도 5개인데 헛수술에서 다시 12~22개로 갈라져 끝에 둥근 꿀샘을 달고 있고 이 모습이 왕관 같다. 꽃이 매화를 닮았다.

물매화

물매화(위) 7월 백두산 | 백두산 정상 부근에서 노란만병초와 함께 자라고 있다. 연지물매화(아래 왼쪽) 5개의 수술이 붉은색으로 달린 것을 '연지물매화(립스틱물매화)'라고 한다.

바늘꽃

바늘꽃 8월 정선 | 바늘꽃과 | 여러해살이풀 | 전국의 산과 들, 습기 있는 곳에서 자란다. 달걀형으로 마주나는 잎 가장자리에 불규칙한 톱니가 있다. 꽃은 연한 홍자색으로 피는데 꽃잎은 4장이고 끝이 얕게 2개로 갈라진다. 암술이 원기둥형으로 곤봉 모양이다. 암술엔 선모가 많이 나 있다. '바늘꽃'이란 이름은 씨방이 바늘처럼 가늘고 긴 데서 유래되었다.

돌바늘꽃

분홍바늘꽃

돌바늘꽃 8월 정선 | 바늘꽃과 | 여러해살이풀 | 바늘꽃과 거의 비슷하고 암술대의 모양으로 구분하는데 바늘꽃은 암술대가 곤봉 모양이고 돌바늘꽃은 원형에 가깝다. 씨방이 터지면 흰 털이 달린 씨앗이 날아가 번식한다. **분홍바늘꽃** 7월 백두산 | 바늘꽃과 | 여러해살이풀 | 해발 1,000m 이상의 높은 산지 양지바른 풀밭에 군락을 이루며 자란다. 7~8월에 지름 3cm가량의 홍자색 꽃이 원줄기 끝에 많이 달린다. 키는 1.5m까지 자라며 가지는 많이 갈라지지 않는다.

바디나물

섬바디

바디나물 8월 금산 | 산형과 | 여러해살이풀 | 전국의 개울가나 습지 근처에서 자란다. 8~9월에 짙은 자주색 꽃이 긴 화경 끝에 겹우산모양꽃차례로 발달한다. 키는 1.5m까지 자란다. 어린순을 식용하고, 뿌리를 '전호(前胡)'라는 약재로 쓴다. **섬바디** 7월 울릉도 | 산형과 | 여러해살이풀 | 7월에 흰색 꽃이 우산모양꽃차례로 달린다. 키는 2m까지 자란다.

참당귀

강활

참당귀 9월 태백 | 산형과 | 여러해살이풀 | 전국의 산골짜기 습기 있는 곳에 난다. 자주색 줄기는 곧추서고 세로로 된 맥이 있다. 8~9월에 자주색 꽃이 겹우산모양꽃차례로 달린다. 어린순을 식용하고, 뿌리를 '당귀(當歸)'라는 약재로 쓴다. 강활 8월 태백 | 산형과 | 두해살이 또는 여러해살이풀 | 중·북부지방 깊은 산중에서 자라며 키가 2m에 이른다. 8월에 흰색 꽃이 겹우산모양꽃차례로 핀다. 어린순을 식용하고, 뿌리와 뿌리줄기를 '강활(羌活)'이라는 약재로 쓴다.

바위돌꽃

바위돌꽃 7월 백두산 | 돌나물과 | 여러해살이풀 | 전국의 고산지대 바위 표면에서 자란다. 7~8월에 피는 꽃은 자웅이주로, 암꽃은 자줏빛이 돌고 수꽃은 연한 황색이다. 뿌리를 '홍경천(紅景天)'이라는 자양강장 약재로 쓴다.

바위돌꽃(암꽃) 암꽃은 작으며 흔히 자줏빛이 돌고 4~5개의 암술이 있다.

바위돌꽃(수꽃) 수꽃은 퇴화된 암술이 있으며, 수술은 8~10개로서 꽃잎보다 길다.

둥근바위솔

둥근바위솔 10월 거제 | 돌나물과 | 여러해살이풀 | 전국 산지의 비탈, 바위 겉, 바위 근처, 모래 자갈땅 등지에서 자란다. 뿌리에서 모여나는 육질의 잎은 주걱 모양이고, 9~12월에 흰색 꽃이 다닥다닥 달린다. 둥근바위솔·바위솔 전초를 '와송(瓦松)'이라는 약재로 쓴다.

바위솔

10월 포항 | 돌나물과 | 여러해살이풀 | 전국의 산지 바위에서 자라거나 한옥의 기와에서 자라 '바위솔' 또는 '와송(瓦松)'이라고 한다. 피침형의 잎은 다육질이다. 9~10월에 흰색 꽃이 줄기 끝에서부터 수상꽃차례로 촘촘하게 달린다. 수술 꽃밥은 붉은색이었다가 점점 검어진다.

좀바위솔

10월 청송 | 돌나물과 | 여러해살이풀 | 경상북도 이북의 고산지대 바위 틈에서 자란다. 키는 15cm 이내이고, 잎은 긴 타원형이며 끝이 가시처럼 뾰족하다. 9~10월에 연한 홍자색 또는 흰색 꽃이 피며, 꽃받침에 자주색 반점이 있다. 전체적으로 키가 작으며 2cm 정도에서 꽃이 피는 것도 있다.

난쟁이바위솔

7월 태백 | 돌나물과 | 여러해살이풀 | 금강산 이남의 안개가 많아 습도가 유지되는 높은 산 바위틈에서 자란다. 키는 10cm 내외로 작고, 잎은 좁고 통통하며 끝이 뾰족하다. 7~9월에 피는 꽃은 습도가 적을 땐 연분홍색을 띠다가 습도가 많아지면 흰색이 된다. 꽃잎 겉면에 오돌도돌한 돌기가 있다.

정선바위솔

정선바위솔 10월 청송 | 돌나물과 | 여러해살이풀 | 자생지를 따른 이름이다. 암벽에 붙어 자란다. 잎은 둥글면서 끝은 가시처럼 뾰족하며 자주색 또는 연홍색을 띤다. 흰색 꽃이 수상꽃차례로 촘촘히 달린다. 꽃받침과 꽃잎은 5개씩이며, 열매는 붉게 익는다.

바위떡풀

바위떡풀 8월 가평(위), 괴산(아래) | 범의귀과 | 여러해살이풀 | 고산지대 습한 바위 위에서 자란다. 잎은 뿌리에서 나고 둥근 심장형으로 가장자리가 얕게 갈라져 치아 모양의 톱니와 털이 있다. 꽃받침과 꽃잎은 5장씩이며, 꽃은 흰색에 붉은빛이 돌고, 위쪽 3장은 약 4mm, 2장은 15mm 내외로 간혹 톱니가 있기도 한다. 어린순을 식용하는데 아삭하고 향긋한 맛이 난다.

바위취

참바위취

바위취 6월 괴산 | 범의귀과 | 여러해살이풀 | 중부 이남의 산간 계곡 근처 바위에서 자란다. 5~6월에 흰색 꽃이 핀다. 전초를 '호이초(虎耳草)'라는 약재로 쓴다. **참바위취** 8월 무주 | 범의귀과 | 여러해살이풀 | 고산지대 바위에서 자란다. 줄기는 가지가 많이 갈라지고 잎은 모양이 다양한데, 뿌리잎이 타원형이거나 둥근타원형으로 크며, 가장자리는 치아 모양 톱니가 있다. 줄기잎은 마디에서 1~2장 달리는데 아주 작다. 7~8월에 자잘한 흰색 꽃이 줄기 끝에서 핀다.

박하

박하 8월 경주 | 꿀풀과 | 여러해살이풀 | 온대성 식물로, 전국에 자생하는데, 서늘한 곳에서 자란 것이 향이 더 진하다. 잎은 마주나고 가장자리에 톱니가 있다. 7~9월에 연보라색의 자잘한 꽃이 이삭 모양으로 달린다. 꽃은 오전중에 피는데 꽃이 지고 난 후 암술과 수술은 2~4일 만에 수정된다.

산박하

배초향

산박하 9월 상주 | 꿀풀과 | 여러해살이풀 | 전국의 산지 숲에서 자란다. 줄기는 모가 나고, 마주나는 잎 가장자리에 둔한 톱니가 있다. 6~9월에 입술 모양의 남자색 꽃이 줄기 끝에 취산꽃차례로 달리는데, 상순은 4~5개로 갈라지고 하순은 가장자리가 붙어 볼록하다. **배초향** 9월 양산 | 꿀풀과 | 여러해살이풀 | 1m 내외로 키가 크고 잎은 끝이 뾰족한 심장형으로 마주난다. 7~9월에 보라색 꽃이 줄기 끝에서부터 층층이 핀다. 향이 좋은 식재료이다.

향유

가는잎향유

향유 9월 합천 | 꿀풀과 | 한해살이풀 | 줄기는 골이 진 사각형이고, 잎은 끝이 좁고 가장자리에 굵은 톱니가 있다. 8~9월에 입술 모양의 연분홍색 꽃이 피는데, 자주색 포는 부채 모양으로 꽃을 감싸고, 꽃받침과 꽃잎에 털이 많다. 전초를 약재로 쓴다. **가는잎향유** 9월 문경 | 꿀풀과 | 한해살이풀 | 자주색 줄기는 가늘고 굽은 털이 있다. 잎은 폭이 V자로 굽으며 좁고 긴 피침형으로, 가장자리에 날카로운 톱니가 드물게 있다. 9~10월에 홍자색 꽃이 이삭꽃차례로 한쪽으로 치우쳐 빽빽히 달린다. 꽃받침 안쪽과 꽃에 털이 많이 있다.

꽃향유

흰꽃향유

꽃향유 9월 합천 | 꿀풀과 | 한해살이풀 | 중부 이남의 산과 들에 난다. 골이 진 줄기에 잎은 끝이 뾰족하며 가장자리엔 치아 모양의 톱니가 있다. 9~10월에 분홍빛이 도는 자주색 꽃이 핀다. 포는 자주색을 띠고, 꽃받침과 꽃잎에 털이 있다. 향유에 비해 꽃이 진하고 꽃이삭이 크다. **흰꽃향유** 9월 합천 | 꿀풀과 | 한해살이풀 | 꽃향유와 똑같고 꽃이 흰색으로 핀다. 한해살이풀이어서 그런지 귀한 흰색 꽃은 다음해엔 전혀 올라오지 않기도 한다.

백부자

백부자 10월 정선 | 미나리아재비과 | 여러해살이풀 | '노랑돌쩌귀'로도 불린다. 여름에 노란색 또는 자줏빛을 띤 노란색 꽃이 핀다. 뿌리에 독성이 강한데, 덩이뿌리를 '백부자(白附子)'라는 약재로 쓴다. 환경부 멸종 위기 야생식물 Ⅱ급이다.

진범

흰진범

진범 8월 태백 | 미나리아재비과 | 여러해살이풀 | 줄기는 곧게 서거나 비스듬히 자라고 잎은 3~7개로 갈라지고 갈라진 조각은 뾰족한 결각이 있다. 꽃은 자주색으로 피는데, 5개의 꽃받침이 꽃잎처럼 보이며, 2개의 꽃잎은 꿀샘이 되어 원통형의 꽃받침 속에 들어가 있다. 유독식물이다. **흰진범** 8월 태백 | 진범과 같으며, 꽃이 연한 황백색이다.

투구꽃

8월 태백 | 미나리아재비과 | 여러해살이풀 | 잎은 3~5개씩 갈라진 손바닥 모양이 다시 잘게 갈라지는데 줄기 위쪽으로 갈수록 잎이 작아져 3갈래가 된다. 8~9월에 피는 남자주색 꽃은 꽃받침이 꽃잎 같고, 뒤쪽의 조각이 모자처럼 위를 완전히 덮으며 이마 쪽이 뾰족하게 나와 투구 모양이다. 꽃잎은 2개로 꽃받침 속에 들어 있다. 투구꽃 뿌리는 사약의 재료로 이용되는 등 투구꽃류는 모두 유독식물이다.

흰투구꽃

9월 충남 | 미나리아재비과 | 여러해살이풀 | 투구꽃과 같으며, 꽃이 흰색이다.

노랑투구꽃

8월 태백 | 미나리아재비과 | 여러해살이풀 | 곧게 선 줄기는 1m까지 자라고, 잎은 3갈래로 갈라져 어긋난다. 8~9월에 꽃은 누런색 꽃이 핀다. 꽃자루와 꽃받침엔 굽은 털이 있으며, 꽃받침조각이 5개로 꽃처럼 보이나 꽃잎은 2개로 꽃받침 속에 있다.

각시투구꽃

7월 백두산 | 미나리아재비과 | 여러해살이풀 | 백두산 습지에 난다. 7~8월에 짙은 자주색 꽃이 원줄기 끝에 1~3개 달린다.

세뿔투구꽃

10월 경북 | 미나리아재비과 | 여러해살이풀 | 숲속 바위가 많은 곳에 주로 살며, 잎이 넓고 삼각형 내지 오각형으로 각이 진 끝이 뿔처럼 뾰족하다. 가장자리는 치아 모양의 톱니가 있다. 9~10월에 피는 보라색과 흰색이 섞인 꽃은 고깔모양꽃부리이다. 한국 특산종으로, 환경부 멸종 위기 야생식물 Ⅱ급이다.

놋젓가락나물

10월 태백 | 미나리아재비과 | 여러해살이풀 | 줄기는 2m가량으로, 다른 물체를 감고 올라간다. 어긋나는 잎은 3~5개로 잎 밑까지 깊게 갈라지며 거기서 다시 피침형으로 갈라진다. 연보라색 투구 모양의 꽃은 꽃대축과 꽃자루에 잔털이 있다. 꽃받침은 5개로 갈라져 꽃처럼 보인다. 꽃잎 2장은 꽃받침 속에 꿀샘이 되어 들어가 있다.

큰제비고깔

흰제비고깔

큰제비고깔 8월 인제 | 미나리아재비과 | 여러해살이풀 | 키는 1m가량으로 곧추서고, 잎은 3~7개로 갈라져 단풍잎 모양이다. 7~9월에 진한 남보라색이 꽃이 피는데, 꽃받침조각이 5개로 꽃처럼 보이며 꽃잎은 그 속에 들어 있다. 꽃자루와 꽃대 축에 부드러운 갈색 털이 있다. **흰제비고깔** 8월 태백 | 북부지방의 양지바르고 습윤한 부식질 토양에서 자란다. 7~9월에 흰색 꽃이 핀다. 자생지 보호가 필요한 식물이다.

병아리풀

흰병아리풀

병아리풀 8월 옥천 | 원지과 | 한해살이풀 | 줄기에서 가지가 많이 갈라지고, 잎은 달걀형 타원형으로 가장자리에 부드러운 털이 있다. 8~9월에 연한 자주색 꽃이 줄기에서 피어 올라가며 한쪽 방향으로만 달린다. 꽃잎은 접혀진 상태로 피며, 꽃받침은 5조각인데 곁갈래 2개가 꽃잎처럼 보인다. 흰병아리풀 8월 정선 | 원지과 | 한해살이풀 | 병아리풀과 비슷하며, 꽃이 흰색으로 핀다. 병아리풀 꽃 안에 있는 노란 알은 계란 노른자를 닮았다.

병조희풀

병조희풀 8월 태백 | 미나리아재비과 | 낙엽 활엽 반관목 | 백두대간의 활엽수 아래 수풀 가장자리, 계곡 근처에서 잘 자란다. 잎은 2개로 갈라지는 겹잎이며 소엽은 3개이다. 7~9월에 병 모양의 청보라색 꽃이 피는데 꽃대엔 흰 털이 있고 꽃부리는 4개로 갈라져 끝이 뒤로 젖혀진다.

자주조희풀

자주조희풀 8월 괴산 | 미나리아재비과 | 낙엽 활엽 관목 | 중부 이북의 산 중턱 숲에 난다. 잎은 병조희풀과 비슷하면서 좀 더 넓다. 8~9월에 남청색 또는 연보라색 꽃이 암수딴그루로 피는데, 꽃받침 밑부분은 통형이고 끝은 4개로 갈라져 넓게 수평으로 퍼지면서 끝이 뒤로 말린다. 꽃받침 열편이 넓고 가장자리가 물결 모양으로 주름져서 더 아름답게 보인다.

새삼

실새삼

새삼 8월 김천 | 메꽃과 | 한해살이풀 | 줄기는 붉은색을 띠고 자주색 반점이 있다. 처음엔 뿌리를 내리고 자라다가 매개로 삼은 식물을 감고 올라가 양분을 빨아먹기 시작하면 자기 뿌리는 잘라 내고 완전한 기생식물이 된다. 생태 교란 종이지만 전초를 '토사(菟絲)', 씨를 '토사자(菟絲子)'라는 약재로 쓴다. 실새삼 8월 대구 | 메꽃과 | 한해살이풀 | 완전한 기생식물로, 줄기는 전체적으로 황색을 띠고 실처럼 가늘며 다른 식물을 왼쪽으로 감고 오른다. 꽃은 짧은 꽃줄기에 아주 작은 꽃이 흰색으로 피는데 가지 위의 군데군데에서 뭉쳐서 달린다.

속단

흰속단

속단 8월 태백 | 속단과 | 여러해살이풀 | 달걀형의 큰 잎은 가장자리에 규칙적인 둔한 톱니가 있으며 마주난다. 꽃은 붉은색이고 입술 모양이다. 윗입술꽃잎은 모자 같은데 겉에 아주 부드러운 털이 빽빽히 나 있고 아랫입술꽃잎은 3개로 갈라져서 펴져 겉에 털이 약간 있다. '속단(續斷)'은 '부러진 뼈를 이어 준다'는 의미이다. 뿌리를 약재로 쓴다. **흰속단(아래)** 8월 태백 | 속단과 | 여러해살이풀 | 속단과 같은데, 꽃이 흰색이다.

송이풀

8월 태백 | 현삼과 | 여러해살이풀 | 전국의 깊은 산 숲에서 자란다. 잎은 잎자루가 없으며 가장자리는 겹톱니 모양이다. 8~9월에 홍자색 또는 흰색의 꽃이 피는데, 상순은 새의 부리처럼 굽어 있고 하순은 넓게 옆으로 퍼져 끝이 얕게 갈라진다.

흰송이풀

8월 태백 | 현삼과 | 여러해살이풀 | 송이풀과 같은데, 꽃이 흰색이다.

마주송이풀

8월 가평 | 현삼과 | 여러해살이풀 | 송이풀과 비슷한데, 잎자루가 있고 줄기에 자줏빛이 돌며 잎이 마주나는 특징이 있다.

나도송이풀

9월 영천 | 현삼과 | 한해살이풀 | 산과 들의 양지바른 풀밭에 난다. 전체에 샘털이 많이 나 있다. 뿌리가 빈약해 바람에도 잘 쓰러진다. 마주나는 잎은 깃꼴로 깊이 갈라지고 거기서 또다시 잘게 갈라진다. 8~9월에 홍자색 꽃이 피는데, 꽃부리는 판통형으로 끝이 2개로 갈라져 상순은 뒤로 말리고 하순은 3개로 갈라져 옆으로 넓게 펼쳐진다.

흰나도송이풀

9월 대구 | 현삼과 | 한해살이풀 | 나도송이풀과 같은데, 꽃이 흰색이다.

구름송이풀

7월 백두산 | 현삼과 | 여러해살이풀 | 툰드라에 자생하며, 6~7월에 홍자색 꽃이 핀다. 자생지가 2~3곳에 불과하며, 개체 수도 많지 않다.

쉬나무

쉬나무 8월 강화 | 운향과 | 낙엽 활엽 소교목 | 강화도 일대, 경기도, 강원도 북부, 울릉도 등지에 자생한다. 8월에 유백색 꽃이 피고, 10월에 열매가 붉게 익는다. 덜 익은 열매를 '오수유(吳茱萸)', 뿌리는 '오수유근(吳茱萸根)', 잎은 '오수유엽(吳茱萸葉)'이라는 약재로 쓴다.

쉬땅나무

쉬땅나무 8월 태백 | 장미과 | 낙엽 활엽 관목 | 백두대간의 산골짜기 습기 있는 반음지에서 잘 자란다. 어긋나는 잎은 깃꼴겹잎으로, 작은 잎은 중앙의 맥이 깊이 들어가 있어 V 모양처럼 약간 접힌다. 6~7월에 흰색 꽃이 피며 꽃잎 열편은 5개고 안쪽은 노란색을 띤다. 40~50개의 수술이 꽃잎보다 많이 길다.

싸리

8월 충주 | 콩과 | 낙엽 활엽 관목 | 전국의 산지와 풀밭 양지바른 곳에서 자란다. 7~8월에 붉은보라색 꽃이 잎겨드랑이나 가지 끝에 원뿔모양꽃차례를 형성한다. 밀원식물이다.

조록싸리

7월 충주 | 콩과 | 낙엽 활엽 관목 | 전국 어디서나 잘 자란다. 6~7월에 피는 꽃은 보랏빛과 연한 붉은색으로 구성되어 있다.

개싸리

8월 대구 | 콩과 | 낙엽 반관목 | 키는 1m 정도로 자라며, 양끝이 둥근 긴 타원형 잎은 앞면과 뒷면에 털이 있다. 꽃은 황백색의 나비 모양 꽃이 피며 위 꽃잎 아래에 붉은색 무늬가 있다.

괭이싸리

8월 대구 | 콩과 | 낙엽 활엽 관목 | 중부 이남의 양지바른 산지에 난다. 줄기는 땅 위를 기면서 자라고, 줄기와 잎 전체에 긴 털이 빽빽이 난다. 어긋나는 잎은 3장으로 된 겹잎이다. 8~9월에 붉은빛이 약간 도는 흰색 꽃이 2~7개씩 잎겨드랑이에 달린다. 꽃받침은 가늘게 깊이 갈라지며 긴 털이 빽빽하게 나 있다. 꽃잎 아래에 보라색 무늬가 있다.

좀싸리

8월 대구 | 콩과 | 낙엽 반관목 | 중부 이남의 산지 숲속에 난다. 잎은 어긋나고 3장의 겹잎이다. 잎 끝은 바늘 같은 가시가 있다. 8~9월에 나비 모양의 흰 꽃이 피는데, 꽃잎 기부에 적색 무늬가 있다. 잎겨드랑이에 꽃이 피지 않은 폐쇄화도 있다.

광대싸리

6월 충주 | 대극과 | 낙엽 활엽 관목 | 전국의 산지 계곡 주변에서 잘 자라고, 산기슭 건조한 곳에서도 자란다. 5~6월에 노란색 꽃이 둥근 모양을 이룬다.

여뀌

여뀌 9월 상주 | 마디풀과 | 한해살이풀 | 전국의 습지나 물가에서 자란다. 줄기는 곧추서고, 마디가 부푼 것처럼 굵어지면서 붉은색을 띤다. 잎은 좁고 길며 가을에는 식물 전체가 붉은색으로 물든다. 6~9월에 황록색 꽃이 피는데 끝부분은 붉은색을 띤다. 윗부분의 꽃차례는 아래로 처진다.

흰꽃여뀌

흰꽃여뀌 8월 칠곡 | 마디풀과 | 여러해살이풀 | 꽃여뀌와 같은데, 꽃이 흰색이다.

가는개여뀌

가는개여뀌 9월 대구 | 마디풀과 | 한해살이풀 | 전국의 산지에 난다. 잎은 어긋나고 피침형이며 가장자리에 누운 털이 있고 뒷면에 선점이 있다. 탁엽은 원줄기를 감싸고 같은 길이의 털이 있다. 8~10월에 홍색 꽃이 가지 끝에 이삭꽃차례로 달린다.

가시여뀌

가시여뀌 9월 상주 | 마디풀과 | 한해살이풀 | 전국의 산지 나무 그늘에 난다. 줄기 전체에 붉은색 샘털이 빽빽하게 나 있고, 잎은 끝이 뾰족한 피침형으로 어긋난다. 탁엽은 막질로 줄기를 감싸고 있으며 맥 위에 털이 있다. 7~9월에 연분홍색 꽃이 잎겨드랑이와 가지 끝에 달린다.

꽃여뀌

8월 창원 | 마디풀과 | 여러해살이풀 | 전국의 낮은 지대 습지에 난다. 어긋나는 잎은 피침형으로 끝이 뾰족하다. 가장자리와 뒤쪽 맥에는 털이 있다. 6~8월에 암꽃과 수꽃이 따로 피며, 꽃받침은 연한 홍색으로 5장으로 갈라져 꽃잎처럼 보인다. 여뀌 종류 중에선 꽃이 가장 크고 예뻐서 '꽃여뀌'라 부르는 듯하다.

바보여뀌

8월 상주 | 마디풀과 | 한해살이풀 | 전국의 논두렁이나 냇가에 난다. 전체적으로 털이 약간 있고 줄기에 붉은빛이 돌며, 잎은 어긋나고 넓은 피침형이다. 잎 표면엔 V자 비슷한 검은 무늬가 있다. 8월에 연한 홍색 꽃이 줄기 끝에 드문드문 달린다.

이삭여뀌

8월 칠곡 | 마디풀과 | 여러해살이풀 | 산골짜기 습지, 숲 가장자리나 들판에 난다. 거꿀달걀형의 잎은 어긋나고 끝이 뾰족하다. 원통형의 탁엽은 가장자리에 수염 같은 털이 있다. 7~8월에 꽃이 피는데, 꽃잎이 없는 꽃은 붉은색과 흰색이 섞여 있고 4장의 꽃받침이 꽃잎처럼 보인다.

장대여뀌

9월 영천 | 마디풀과 | 한해살이풀 | 중부 이남의 습하고 그늘진 산기슭에서 자란다. 줄기는 밑에서 가지가 많이 갈라지고 잎은 달걀형의 피침형으로 끝이 길게 뾰족하다. 6~8월에 연한 홍색 꽃이 이삭꽃차례로 성글게 달린다. 꽃차례가 장대처럼 길게 자란다.

여뀌바늘

9월 칠곡 | 바늘꽃과 | 한해살이풀 | 전국의 논밭이나 습지에 난다. 잎은 피침형으로 어긋나며 양끝이 좁고 가장자리와 뒷면과 맥에 짧은 털이 있다. 9월에 노란색 꽃이 가지와 잎겨드랑이에서 1~2개씩 달린다. 열매가 바늘처럼 길게 생겼다.

물여뀌

6월 경북 | 마디풀과 | 여러해살이풀 | 줄기가 물속과 물 밖에서 자라는데 물 밖에서 달리는 타원형의 잎은 가래의 잎과 흡사하다. 8~9월에 연한 홍색 꽃이 잎겨드랑이에서 나온 꽃줄기에 이삭꽃차례로 달린다.

털여뀌

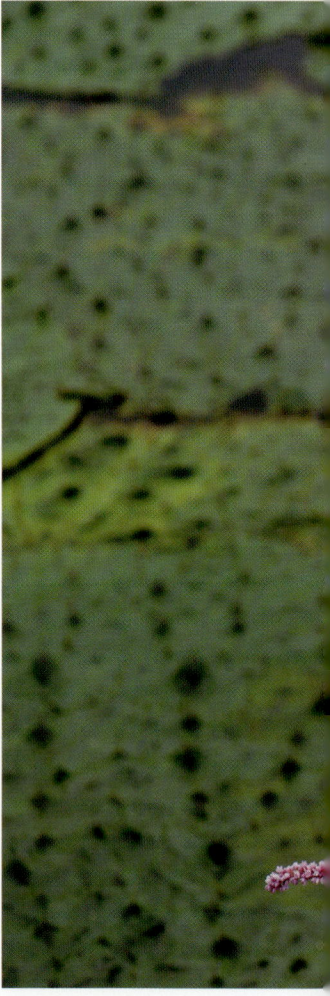

털여뀌 9월 칠곡 | 마디풀과 | 한해살이풀 | 귀화식물로, '노인장대'라고 부른다. 여뀌류 식물 중에서 가장 키가 크다. 전체에 털이 있으며, 줄기는 곧게 서나 가지를 많이 치고 아래로 처지기도 한다. 긴 잎자루에 큰 달걀형의 잎이 어긋나며 턱잎이 잎처럼 나기도 한다. 7~9월에 홍색의 꽃이 피는데, 꽃잎은 없고 꽃받침이 5개로 갈라져 꽃처럼 보인다. 어린순을 식용하고, 전초를 '홍초(葒草)', 꽃차례를 '홍초화(葒草花)', 과실을 '수홍화자(水紅花子)'라는 약재로 쓴다.

여로

여로 8월 태백 | 백합과 | 여러해살이풀 | 전국의 풀밭, 산지 나무 밑에 난다. 잎은 줄기 아래쪽에서 어긋나고 잎집은 줄기를 완전히 감싼다. 위로 올라가면서 잎이 점차 선형으로 된다. 7~8월에 자줏빛이 도는 갈색 꽃이 갈라진 가지에 드문드문 달리는데, 6개로 갈라진 화피는 긴 타원형으로 끝이 둥글다. 뿌리와 뿌리줄기를 '여로(藜蘆)'라는 약재로 쓴다.

푸른여로

흰여로

푸른여로 8월 태백 | 백합과 | 여러해살이풀 | 파란여로라고도 하며, 여로와 비슷한데 꽃이 녹색이다. **흰여로** 7월 태백 | 백합과 | 여러해살이풀 | 여로와 같은데 꽃이 흰색이며, 꽃의 포가 피침형으로 뒷면과 가장자리에 성긴 털이 있다.

원추리

원추리 8월 양산 | 백합과 | 여러해살이풀 | 전국의 양지바르고 다소 습한 곳에 군락을 이루며 자생한다. 칼처럼 생긴 잎이 초기엔 부채를 펼친 모습으로 자라다가 좀더 지나면 골이 진 잎줄기가 나온다. 6~8월에 주황색 꽃이 핀다. 어린순을 나물로 먹는데, 약간의 독성이 있으므로 데쳐서 물에 우려내어 이용한다. 뿌리를 '훤초근(萱草根)', 새싹을 '훤초눈묘(萱草嫩苗)', 꽃을 '금침채(金針菜)'라는 약재로 쓴다.

자주꽃방망이

흰자주꽃방망이

자주꽃방망이 7월 백두산 | 초롱꽃과 | 여러해살이풀 | 제주도와 남해안을 제외한 전국 산지 양지바른 풀밭에 난다. 곧게 선 줄기에 좁은 달걀형의 잎은 끝이 뾰족하고 어긋난다. 7~8월에 자주색 꽃이 줄기 끝과 잎겨드랑이에서 두상꽃차례로 위를 향해 달린다. 화관은 끝이 5갈래로 갈라지고 끝이 뾰족하다. **흰자주꽃방망이** 7월 백두산 | 초롱꽃과 | 여러해살이풀 | 우리나라 특산종으로, 백두산 산지 풀밭에서 자란다. 식물 전체에 털이 있다.

잔대

잔대 8월 태백 | 초롱꽃과 | 여러해살이풀 | 전국의 양지바른 산과 들에 난다. 끝이 뾰족한 타원형 잎은 3~5장이 돌려나며, 7~9월에 종 모양의 보라색 통꽃이 줄기에서 산발적으로 핀다. 화관은 5개로 갈라져 뒤로 약간 젖혀진다. 뿌리를 '사삼(沙蔘)'이라는 약재로 쓴다. 잔대 뿌리도 더덕 만큼이나 잘 알려져 재배하기도 한다.

진퍼리잔대

층층잔대

진퍼리잔대 8월 정선 | 초롱꽃과 | 여러해살이풀 | 강원도 일부, 전라북도의 깊은 산지 습기 있고 양지바른 곳에 난다. 타원형 잎이 줄기에서 돌아 올라가며 나는데, 가장자리에는 날카로운 톱니가 있다. 8월에 깔때기 모양의 보라색 꽃이 아래를 보고 핀다. 화관은 5개로 갈라져 있다. 자생지 및 개체 수가 매우 적어 보호가 필요하다. **층층잔대** 8월 태백 | 초롱꽃과 | 여러해살이풀 | 우리나라 특산종이다. 타원형의 잎은 3~5장씩 돌려 나고, 7~9월에 작은 종 모양의 하늘색 또는 연보라색 꽃이 원추꽃차례로 층층이 달린다. 암술대가 화관 밖으로 길게 나온다. 어린순과 뿌리를 식용한다.

톱잔대

톱잔대 8월 상주 | 초롱꽃과 | 여러해살이풀 | 전국의 산지에 난다. 좁은 피침형 잎의 끝은 뾰족하며 가장자리엔 톱니가 있다. 8~9월에 긴 종 모양의 연보라색의 꽃이 핀다. 꽃받침은 5개로 깊게 갈라지고 화관은 5개로 얕게 갈라져 뒤로 살짝 젖혀진다. 뿌리를 약재로 이용한다.

숫잔대

숫잔대 8월 상주 | 초롱꽃과 | 여러해살이풀 | 제주도와 다도해를 제외한 전국의 양지바른 계곡 습지에 난다. 잎은 피침형으로 어긋나며, 가장자리엔 낮은 톱니가 있다. 7~8월에 벽자색 꽃이 피는데, 꽃 윗부분의 암술은 아래를 보고 있고, 양쪽 꽃잎 2장은 깊게 갈라지고, 가운데 1장은 중앙까지 갈라진다. 꽃잎 가장자리에 털이 있다.

모시대

모시대 8월 태백 | 초롱꽃과 | 여러해살이풀 | '모싯대'라고도 하며 산지 그늘진 곳에서 주로 자란다. 어긋나는 긴 달걀형의 잎은 끝이 뾰족하고 가장자리에 날카로운 톱니가 있다. 8~9월에 종 모양의 남보라색 꽃이 아래를 보고 달린다. 화관은 5개로 갈라져 아주 약간 뒤로 젖혀진다. 어린순을 식용하고 뿌리는 약재로 쓴다.

흰모시대

흰모시대 8월 태백 | 초롱꽃과 | 여러해살이풀 | 모시대와 비슷하며, 꽃이 흰색이다.

금강초롱

금강초롱 8월 가평 | 초롱꽃과 | 여러해살이풀 | 중북부 고산지대에 자생한다. 8~9월에 남보라색 또는 흰색으로 피는 꽃은 종 모양의 통꽃이다. 잎은 긴 타원형으로 어긋나지만 윗부분은 간격이 좁아 마주난 것처럼 보인다. 꽃받침은 5개로 갈라져 끝이 뾰족하고 꽃에 붙지 않고 떨어져 있다. 우리나라 특산종으로, 2종이 있다.

섬초롱꽃

초롱꽃

섬초롱꽃 8월 울릉도 | 초롱꽃과 | 여러해살이풀 | 울릉도 바닷가 양지바른 풀밭에서 자라는데, 전체적으로 크다. 7~9월에 연한 자주색 바탕에 짙은 반점이 있는 통꽃이 가지와 원줄기에서 아래를 향해 핀다. 초롱꽃 8월 칠곡 | 초롱꽃과 | 여러해살이풀 | 중남부의 낮은 산지 양지바른 경사면에 난다. 삼각형의 달걀형 잎은 가장자리가 불규칙하게 갈라진다. 6~8월에 흰색 또는 연한 홍자색 바탕에 짙은 반점이 있는 긴 종 모양의 꽃이 핀다. 어린순을 식용한다.

촛대승마

촛대승마 9월 태백 | 미나리아재비과 | 여러해살이풀 | 전국의 깊은 산지 그늘에서 자란다. 잎은 깃꼴겹잎이다. 꽃차례 밑부분에서 가지가 갈라져 가지마다 꽃이 달린다. 6~7월에 피는 흰색 꽃잎은 2개로 갈라지고 수술은 많으면서 꽃보다 훨씬 길다. 뿌리줄기를 '야승마(野升麻)'라는 약재로 쓴다.

눈빛승마

눈빛승마 9월 태백 | 미나리아재비과 | 여러해살이풀 | 큰 키는 2.5m까지 곧추서서 자란다. 잎은 타원형으로 끝이 뾰족하다. 8월에 흰색 꽃이 암수딴그루로 원추꽃차례로 핀다. 꽃받침이 꽃잎처럼 보이며 일찍 떨어지고 꽃잎은 3장이다. 수술이 30~40개로 꽃잎보다 훨씬 길게 나온다. 꽃차례에는 짧은 샘털과 털이 빽빽히 난다.

털이슬

털이슬 8월 대구 | 바늘꽃과 | 여러해살이풀 | 전국의 산지 숲속 반음지에서 잘 자란다. 넓은 피침형 잎은 밑부분이 좁아지고 끝은 뾰족하며, 가장자리에 짧은 털이 있고 톱니가 있다. 8월에 꽃이 피는데, 녹색 꽃받침조각은 2개로 샘털이 길게 나 있고, 흰색 꽃잎도 끝이 2개로 갈라진다.

털이슬(꽃)

말털이슬

8월 태백 | 바늘꽃과 | 여러해살이풀 | 중부 이남의 산지 그늘에서 자란다. 줄기는 가지를 많이 치며 구부러진 털이 있다. 마주나는 잎은 좁은 달걀형으로 가장자리에 털과 톱니가 있다. 7~8월에 꽃이 피는데, 진홍색 꽃받침은 2개로 갈라지고 샘털이 있으며, 홍백색 꽃잎은 2개이다.

쥐털이슬

8월 태백 | 바늘꽃과 | 여러해살이풀 | 깊은 산 습한 음지에서 자란다. 줄기는 가늘고, 심장형의 잎은 표면과 가장자리에 톱니가 조금 있고 잔털이 있다. 7~8월에 홍백색 꽃이 줄기와 가지 끝에 달린다. 꽃받침은 2개로 갈라져 붉은색을 띠며, 수술은 2개 암술은 1개다.

풀거북꼬리

풀거북꼬리 8월 | 쐐기풀과 | 여러해살이풀 | 중부 이북에서 자란다. 마주나는 잎은 달걀형으로, 가장자리에 둔한 톱니가 있으며, 끝은 길고 뾰족하다. 7~8월에 연한 붉은색 꽃이 암수한그루로 잎겨드랑이에 수상꽃차례로 핀다. 거북꼬리의 변종이다.

낙지다리

낙지다리 8월 상주 | 돌나물과 | 여러해살이풀 | 전세계에 2종, 우리나라에 1종이 분포하는 귀한 종으로, 습지에서 자란다. 잎은 피침형으로 좁고 끝이 뾰족하며 어긋난다. 7~8월에 황백색 꽃이 총상꽃차례로 한쪽으로 치우쳐서 달리는데, 끝이 말려 있다가 꽃이 피면서 점차 풀린다. 줄기 윗부분의 꽃차례에 열매가 달리는 모습이 낙지다리를 닮았다. 열매는 흑갈색으로 익는다. 전초를 '수택란(水澤蘭)'이라는 약재로 쓴다.

피막이

제주피막이

피막이 8월 칠곡 | 산형과 | 상록성 여러해살이풀 | 중부 이남의 들이나 밭에 난다. 7~8월에 흰색 또는 자주색 꽃이 잎겨드랑이에 3~5송이씩 우산모양꽃차례로 달린다. 식물 전체가 매끈하고 윤기가 있으며, 줄기가 땅 위로 벋는다. 전초를 '천호유(天胡荽)'라는 약재로 쓴다. **제주피막이**는 제주도에 자생하며, 6~9월에 흰색 꽃이 핀다.

황금

황금 8월 상주 | 꿀풀과 | 여러해살이풀 | 여러 줄기가 포기로 자라면서 가지를 친다. 잎은 마주나고 피침형이며 가장자리는 밋밋하다. 7~8월에 자주색 꽃이 총상꽃차례로 한쪽 방향으로만 2줄로 달린다. 화관은 통형으로 끝은 입술 모양으로 갈라져 윗입술은 투구 모양이다. 뿌리가 황색이고, 귀한 약재로 쓰인다.

구절초

구절초 9월 황매산 | 국화과 | 여러해살이풀 | 꽃이 아름답고 잘 자라서 관상용으로 많이 재배하며, 꽃잎은 말려서 우려내어 차로 마시기도 한다. 잎은 달걀형으로 끝부분이 날개처럼 갈라진다. 꽃은 원줄기 끝에 연한 홍색이나 흰색으로 달린다. '음력 9월 9일에 꺾어 쓴다'는 의미에서 '구절초(九節草)'라고 한다.

가는잎구절초

10월 남원 | 국화과 | 여러해살이풀 | 구절초와 꽃이 같으며, 잎이 피침형으로 좁게 갈라진다.

까치깨

까치깨 9월 상주 | 벽오동과 | 한해살이풀 | 줄기에는 긴 털이 있고 열매에는 털이 없다. 잎은 어긋나고 달걀형이며 끝은 뾰족하고 가장자리에 둔한 톱니가 있다. 6~8월에 황색의 꽃이 1개씩 잎겨드랑이에서 옆을 보고 피는데, 5개로 갈라진 피침형 꽃받침은 뒤로 젖혀지지 않는다. 열매 속에 참깨 같은 씨가 많이 들어 있는데 먹지 않는다는 의미로 '까치깨'라 부른다.

수까치깨

수까치깨 9월 창녕 | 벽오동과 | 한해살이풀 | 경기도 이남의 산과 들에 난다. 까치깨와 비슷하나 열매에 털이 있고 꽃도 노란색으로 똑같으나 꽃받침이 까치깨와 다르게 뒤로 젖혀져 있다. 8~9월에 황색의 꽃이 핀다.

꿩의비름

꿩의비름 9월 함양 | 돌나물과 | 여러해살이풀 | 전국의 양지바른 산지에 난다. 줄기는 곧게 서고 가지를 치지 않으며, 달걀형 잎 가장자리에 둔한 톱니가 있다. 8~9월에 홍색의 자잘한 별 모양 꽃들이 뭉쳐 줄기 끝에서 우산처럼 퍼진다.
※꿩의비름은 줄기와 잎이 녹색을 띠고, 둥근잎꿩의비름은 녹색이었다가 가을에 붉은색으로 물든다.

둥근잎꿩의비름

둥근잎꿩의비름 10월 청송 | 돌나물과 | 여러해살이풀 | 계곡의 그늘진 암벽 틈에서 자란다. 줄기는 1~4대가 같은 방향으로 옆으로 벋는다. 잎은 원형으로 마주나고 가장자리는 물결 모양 톱니가 있다. 7~8월에 적자색을 띠는 별 모양의 자잘한 꽃들이 뭉쳐서 우산 모양으로 퍼진다. ※경상북도에만 자라는 종이다.

노랑도깨비바늘

노랑도깨비바늘 9월 밀양 | 국화과 | 한해살이풀 | 귀화식물로, 우리나라에서 자생지는 울산과 인천 딱 두 군데만 있다고 한다. 잎이 깃처럼 깊게 갈라지고 3~7개의 열편이 생기며 꽃은 노란색으로 핀다. 혀꽃이 크게 발달해서 한송이의 꽃처럼 보인다. ※갈대를 보러 사자평에 갔다가 처음엔 돼지감자 꽃인 줄 알았다. 그럼에도 천상의 화원을 만들어 놓은 노란꽃 물결이 너무 아름다워 찍어 왔는데 노랑도깨비바늘이란다.

도깨비바늘

울산도깨비바늘

도깨비바늘 9월 칠곡 | 국화과 | 한해살이풀 | 원줄기는 네모나고 약간의 털이 있고 잎은 마주나며 2회 깃꼴로 갈라진다. 꽃은 두상화인데 꽃 가장자리에 붙은 노란색 혀꽃은 2~5개가 달린다. **울산도깨비바늘** 9월 칠곡 | 잎이 3~5개로 갈라지고 가장자리에 톱니가 있으며, 노란색 꽃은 두상화이고 도깨비바늘과 달리 혀꽃이 없다. 도깨비바늘 종류는 씨앗에 갈고리 같은 가시가 있어 사람이나 동물의 몸에 잘 달라붙어 떼기도 힘들다.

마편초

마편초 9월 대구 | 마편초과 | 여러해살이풀 | 남쪽 해안 지방의 길가나 풀밭에서 자란다. 보통 5갈래로 갈라진 달걀형의 잎은 좌우로 다시 얕게 갈라진다. 7~8월에 연한 자주색 꽃이 줄기 끝에 이삭꽃차례로 달린다. 꽃이삭이 달린 가지가 말 채찍과 비슷해서 '마편초'라고 한다. 120여 종의 마편초과 중에서 우리나라에 1종이 분포하고 있다.

맥문동

개맥문동

맥문동 9월 성주 | 국화과 | 여러해살이풀 | 중부 이남의 산지 나무 그늘에서 자라며, 정원식물로 가꾸기도 한다. 좁고 긴 진녹색 잎이 뿌리줄기에서 모여난다. 5~6월에 보라색 꽃이 3~5개씩 꽃대 마디마다 모여 달린다. **개맥문동** 7월 경북 | 국화과 | 여러해살이풀 | 상록성으로 뿌리에서 모여나는 잎은 좁고 끝이 뾰족하다. 5~7월에 연자주색 꽃이 피는데, 연노랑색의 꽃밥이 6개씩 모여 있어 꽃보다 도드라져 보인다. 화피는 6장이다.

물봉선

물봉선 9월 성주 | 봉선화과 | 한해살이풀 | 전국의 산지, 주로 냇가의 습기가 있는 곳에서 자생한다. 곧추서는 줄기는 마디가 도드라진다. 잎은 넓은 타원형으로 끝이 뾰족하며 가장자리에 날카로운 톱니가 있다. 8~9월에 홍자색 꽃이 피는데, 밑부분의 꿀주머니는 흰색으로 안으로 돌돌 말려 있고 붉은 반점이 있다. 긴 꽃자루에 붉은 선모가 있다.

가야물봉선

가야물봉선(흰색)

가야물봉선 붉은색(위) 9월 대구 | 줄기는 붉은색을 띠고 꽃자루에 붉은 털이 있다. 타원형 잎 가장자리에 날카로운 톱니가 있으며, 8~9월에 피는 꽃은 물봉선보다 약간 작고 꽃 전체가 흑자색을 띤다. 꿀주머니는 끝이 안으로 말리고 자주색 반점이 있다. **흰가야물봉선** 9월 대구 | 미등록종. 가야물봉선의 특징을 가지고 있고, 꽃이 흰색이다. 줄기는 녹색이며 꽃자루에 흰 털이 있고 꽃은 흰색으로 피는데 꿀주머니에 노란색의 줄이 있다.

노랑물봉선

노랑물봉선 9월 충북 | 봉선화과 | 한해살이풀 | 줄기는 가지를 많이 치고 마디가 굵게 도드라져 있고 털이 없다. 잎은 긴 타원형으로 둔한 톱니가 있는데 밑부분은 가늘고 뾰족한 모양이다. 8~9월에 노란색 꽃이 피는데, 꿀주머니 안쪽에 붉은 반점이 있다. 꿀주머니는 가늘고 약간 굽는다.

물봉선

분홍물봉선. 9월 성주. 미등록종

미색물봉선. 9월 옥천

흰물봉선. 9월 태백

꼬마물봉선(미등록종)

백운풀

긴두잎갈퀴(긴잎백운풀)

백운풀 9월 부산 | 꼭두서니과 | 한해살이풀 | 전라남도, 제주도의 습지 근처에서 자란다. 백운산에서 처음 발견되어 '백운풀'이라고 한다. 줄기는 밑에서부터 가지가 갈라져 옆으로 자라거나 곧게 서기도 한다. 잎은 좁고 양끝도 좁으며 표면은 오돌도돌하다. 8~9월에 붉은빛이 살짝 도는 흰색 꽃이 잎겨드랑이에 달리고 화관과 꽃받침의 길이는 비슷하다. 전초를 '백화사설초(白花蛇舌草)'라는 약재로 쓴다. 긴두잎갈퀴 9월 부산 | 꼭두서니과 | 한해살이풀 | 백운산, 제주도에서 자란다. 백운풀과 흡사하나 꽃이 긴 꽃자루 끝에 달리는 점이 다르다. 꽃잎은 4~5개로 갈라진다. 꽃받침통 안에 들어 있는 삭과는 크고 둥글다.

석류풀

큰석류풀

석류풀 9월 칠곡 | 석류풀과 | 한해살이풀 | 능선이 있는 줄기 밑부분의 잎은 3~5장씩 돌려나며 윗부분은 마주나고 주맥이 선명하다. 7~10월에 황록색 꽃이 피고, 꽃이 진 다음 꽃자루는 아래로 처진다. 꽃받침잎이 5개로 갈라져 꽃처럼 보이고 끝이 약간 오목하다. 열매는 둥글고 3개로 갈라진다. **큰석류풀** 9월 칠곡 | 석류풀과 | 한해살이풀 | 줄기는 가지가 많이 갈라져 지면 위를 기면서 자란다. 잎은 피침형으로 4~7장이 돌려난다. 7~9월에 미색 꽃이 피는데, 꽃받침잎은 5개로 갈라지고 꽃받침잎 면에 3개의 맥이 있다. 타원형 열매에 3~5개의 맥이 있다.

삽주

큰꽃삽주

삽주 9월 고성 | 국화과 | 여러해살이풀 | 잎은 거꿀달걀형으로 줄기에서 어긋나며, 줄기 밑부분에선 깃꼴로 깊게 갈라진다. 잎 가장자리의 톱니는 가시 모양이다. 꽃은 암수 딴 그루로 흰색으로 피며 자잘한 꽃들이 뭉쳐 달리고, 총포에 있는 관모는 갈색으로 가시가 얽혀 있다. 삽주 뿌리인 창출에 들어 있는 '아트락틸론'이라는 향기 성분이 후각을 자극하여 위액 분비를 촉진한다. 큰꽃삽주 9월 거창 | 우리나라와 중국에서 재배하는 품종이다. 꽃이 붉으며, '당삽주'라고도 한다.

솔체꽃

솔체꽃 9월 상주 | 산토끼꽃과 | 두해살이풀 | 줄기에서 가지는 마주나면서 갈라진다. 줄기에서 나온 잎은 마주나고 긴 타원형으로 깊게 팬 톱니가 있지만 위로 갈수록 좁고 깊이 갈라진다. 7~9월에 남자색 꽃이 줄기 끝에 뭉쳐서 달린다. 가장자리 꽃은 5갈래로 불규칙하게 갈라져 바깥쪽 열편이 제일 크며 가운데는 통꽃으로 4개로 갈라진다. 꽃말은 '이루어질 수 없는 사랑'.

야고

야고 9월 대구 | 열당과 | 한해살이 기생식물 | 풀밭에서 자라는 벼과 식물 중에서도 특히 억새류 뿌리에 기생해 살며 녹색의 엽록소를 만들지 못한다. 9월에 적자색 꽃이 뿌리에서 나온 긴 꽃자루 끝에서 옆을 보고 핀다. 꽃부리는 긴 판통으로 끝이 5개로 갈라져 겹쳐지며 벌어진다.

어저귀

어저귀 9월 경산 | 아욱과 | 한해살이풀 | 전세계에 분포하는 귀화식물로, 섬유 작물로 재배하던 것이 야생화되었다. 키는 1.5m까지 가지를 치며 자라고 전체에 털이 밀생한다. 잎은 둥근 심장형으로 끝이 갑자기 좁아져 뾰족하다. 8~9월에 노란색 꽃이 줄기 윗부분의 잎겨드랑이에서 핀다. 전초를 '경마(茼麻)'라는 약재로 쓴다.

여우구슬

여우구슬 9월 대구 | 대극과 | 한해살이풀 | 줄기는 가지를 치며 옆으로 비스듬히 자라고, 가지에서 어긋나는 잎 뒷면에 흰빛이 돈다. 꽃은 적갈색으로 잎겨드랑이마다 1개씩 달리며 6개의 꽃받침은 꽃처럼 보인다. 열매는 적갈색을 띠고 산딸기처럼 울퉁불퉁하다. 여우구슬과 여우주머니 잎은 수분이 부족할 때나 햇빛이 강할 땐 잎을 오므려 수분의 낭비를 스스로 줄인다. 전초를 '진주초(珍珠草)'라는 약재로 쓴다.

여우주머니

여우주머니 9월 칠곡 | 대극과 | 한해살이풀 | 전국의 황무지나 밭에서 자란다. 많은 가지에서 잎은 어긋나고 6~7월에 피는 꽃은 암수 한 가지에서 나며 황록색이다. 암꽃은 꽃받침조각이 6개로 열매일 때 젖혀지며 수꽃은 꽃받침조각이 4~5개다. 꽃은 지름이 2~4mm로 아주 작다. 열매는 납작한 공 모양으로 자루가 있고 겉에 오돌도돌한 돌기가 있으며 골이 패어 있다.

오이풀

오이풀 9월 김천 | 장미과 | 여러해살이풀 | 전국의 산과 들, 습기가 어느 정도 있는 곳에서 잘 자란다. 잎은 타원형으로 삼각형의 톱니가 있다. 7~9월에 검붉은색 꽃이 피는데, 꽃이삭은 거꿀달걀형이다. 4개의 꽃받침조각은 꽃잎처럼 보인다. 오이풀·산오이풀·긴오이풀·큰오이풀·가는오이풀·애기오이풀 등 종류가 많다. 오이풀류의 뿌리를 '지유(地楡)'라는 약재로 쓴다.

가는오이풀

9월 부산 | 장미과 | 여러해살이풀 |
잎은 타원형으로 뒷면은 흰빛이 돌고 가장자리에 톱니가 있다. 꽃은 흰색 또는 자연 교잡종인 자주색 등 여러 색으로 핀다.

가는오이풀(분홍색)

가는오이풀(자주색)

잎을 비비면 오이 냄새가 나서 '오이풀'이라고 한다. 잎은 밤에 스스로 수분을 내보내는 일액현상(溢液現狀)을 일으킨다.

산오이풀

산오이풀 9월 무주 | 장미과 | 여러해살이풀 | 지리산, 설악산 및 북부지방의 산 중턱 이상에서 자란다. 잎은 깃꼴겹잎으, 잎 가장자리는 결이 굵은 치아 모양 톱니가 있다. 8~9월에 긴 원추형의 홍자색 꽃이 가지 끝에서 아래로 빽빽히 피면서 내려온다.

구름오이풀

큰오이풀

구름오이풀 7월 백두산 | 장미과 | 여러해살이풀 | 백두산 일대에 난다. 7~8월에 흰색의 꽃이 줄기 끝에 원추형 이삭 꽃차례로 달린다. **큰오이풀** 7월 백두산 | 장미과 | 여러해살이풀 | 함경북도 백두산 고원 풀밭에 난다. 키는 30~80cm 정도이고, 줄기는 곧추서며 식물 전체에 털이 거의 없다. 9월에 흰색 꽃이 아래부터 핀다.

진득찰

진득찰 9월 성주 | 국화과 | 한해살이풀 | 전국의 집 주변 빈터, 밭 주변, 묵정밭, 길가에서 자란다. 줄기에서 잎은 마주나며 달걀형 삼각형으로 가장자리에 불규칙한 톱니가 있다. 8~9월에 황색의 꽃이 피고, 10월에 익는 열매는 다른 물체에 잘 달라붙는다. 식물체에서 끈끈한 액체가 나오고 열매가 다른 물체에 잘 달라붙어 지어진 이름이다. 전초를 '희렴초(豨薟草)'라는 약재로 쓴다.

털진득찰

털진득찰 9월 성주 | 국화과 | 한해살이풀 | 전국에 분포하는데 특히 남부지방의 바닷가에서 잘 자란다. 키는 1m가량 되고, 줄기와 잎에 긴 흰색 털이 빽빽하게 난다. 마주나는 잎은 질감이 부드러운 천 같다. 8~9월에 황색의 꽃이 피며, 꽃자루에 샘털이 밀생한다. 전초를 약재로 쓴다.

진땅고추풀

진땅고추풀 9월 양산 | 현삼과 | 한해살이풀 | 연못이나 습지, 논 주변의 질퍽한 땅에서 자란다. 8~9월에 연자주색 꽃이 피는데 윗부분의 잎겨드랑이에서 퍼진 샘털이 있는 꽃자루가 나와 그 끝에 1개씩의 꽃이 달린다. 화관은 입술 모양으로 아랫입술의 가운데 조각은 2갈래로 갈라진다.

큰벼룩아재비

큰벼룩아재비 9월 상주 | 마전과 | 한해살이풀 | 중부 이남의 들판 풀밭에 난다. 줄기 아래에서 모여나는 잎은 긴 타원형으로 끝이 둔하다. 가장자리엔 돌기 모양의 털이 있다. 7~8월에 흰색 꽃이 긴 꽃자루 끝에 핀다. 꽃받침과 꽃잎, 수술은 모두 4개씩이다.

해란초

좁은잎해란초

해란초 9월 영광 | 현삼과 | 여러해살이풀 | 동해안의 바닷가 모래땅이나 주변 산지에서 자란다. 잎은 줄기 아래에 돌려나고 위로 가면서 어긋난다. 7~8월에 연한 황색의 꽃이 입술 모양으로 핀다. 꿀주머니는 통통하면서 끝은 좁아져 아래로 처진다. 상순과 하순 사이는 풍선처럼 부풀어 올라 주황색을 띤다. 전초를 '유천어(柳穿魚)'라는 약재로 쓴다. **좁은잎해란초** 10월 대구 | 현삼과 | 여러해살이풀 | 잎은 긴 피침형으로 해란초보다 좁다. 꽃도 해란초와 같으나 거가 꽃받침에서 통통하다가 급격히 좁아져 내린다. 좁은잎해란초는 관상용으로 심은 곳이 많다.

백리향

백리향 10월 합천 | 꿀풀과 | 낙엽 활엽 반관목 | 전초에서 나는 향이 1백 리를 간다고 해서 '백리향'이라 한다. 가지가 많이 갈라져 땅을 기면서 자란다. 타원형의 잎은 마주나며, 6월에 연분홍 꽃이 꽃은 가지 끝부분의 잎겨드랑이에서 모여 난다. 입술 모양으로 갈라진 꽃잎은 상순은 타원형이고 하순은 끝이 3갈래로 깊이 갈라진다. 전초를 '지초(地椒)'라는 약재로 쓴다.

섬백리향

섬백리향 7월 울릉도 | 꿀풀과 | 낙엽 활엽 반관목 | 양지바른 경사지나 바위틈에서 자란다. 6~7월에 연분홍 꽃이 가지 끝부분의 잎겨드랑이에 2~4개씩 모여 난다. 원줄기가 백리향보다 굵고 가지는 많이 갈라지며 옆으로 퍼진다. 쓰임새는 백리향과 같다.

쑥부쟁이

쑥부쟁이 10월 합천 | 국화과 | 여러해살이풀 | 전국의 산지 절개지나 언덕 또는 척박한 땅에 군락을 이루어 자란다. 키는 30~100cm가량이고, 녹색 바탕에 자줏빛이 도는 줄기는 위에서 가지를 친다. 피침형 잎은 끝이 약간 뭉툭하며 가장자리에 굵은 톱니가 있다. 7~10월에 꽃이 피는데, 혀꽃은 연한 자색이고 통상화는 노란색이다. 쑥부쟁이 종류의 어린순을 식용하고, 전초를 '산백국(山白菊)'이라는 약재로 쓴다.

까실쑥부쟁이

8월 상주 | 국화과 | 여러해살이풀 | 잎은 긴 피침형으로 잎 끝과 밑은 갑자기 좁아지고 끝이 뾰족하다. 꽃송이에서 혀꽃은 1줄로 배열되며 자주색 또는 연보라색이고 통상화는 황색이다. 뿌리 달린 전초를 '산백국(山白菊)'이라는 약재로 쓴다.

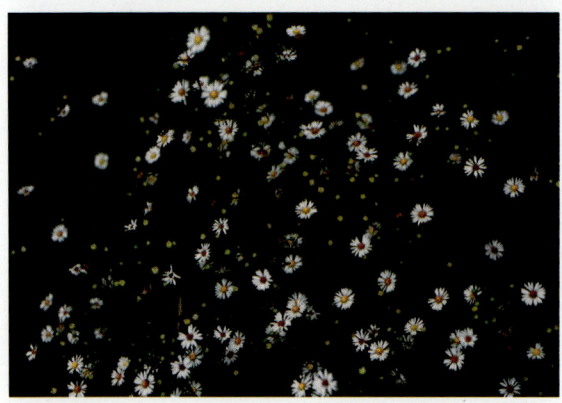

미국쑥부쟁이

8월 상주 | 국화과 | 여러해살이풀 | 줄기 아래는 목질화되고 위로 올라가면서 가지가 양쪽으로 배열한다. 잎은 피침형으로 끝이 뾰족하고 톱니는 없다. 혀꽃은 흰색 또는 연한 붉은색이며 관상화는 황색 또는 적갈색이다.

섬쑥부쟁이

8월 울릉도 | 국화과 | 여러해살이풀 | 8~9월에 흰색의 꽃이 원줄기 끝에 편평꽃차례로 달린다. 어린순은 맛과 향기가 좋은데 '부지깽이나물'이라는 이름으로 잘 알려져 있다. 울릉도 특산종 식물은 이름 앞부분에 '섬'을 붙인다.

개쑥부쟁이

10월 문경 | 국화과 | 여러해살이풀 | 줄기엔 털이 있고 가지가 옆으로 벋는다. 줄기잎은 좁은 타원형으로 양면의 질감이 거칠다. 꽃은 남보라색으로 설상화와 관상화가 한 송이가 된다.

갯쑥부쟁이

10월 영덕 | 국화과 | 두해살이풀 | 줄기는 가지가 많이 갈라지고 잎은 주걱 모양으로 다육성으로, 밑부분이 점점 좁아지며 양면에 털이 약간 있거나 없다. 8~11월에 꽃이 피는데, 꽃자루엔 굽은 털이 있고, 혀꽃은 남보라색으로 1줄로 배열된다.

왕갯쑥부쟁이

11월 제주도 | 국화과 | 여러해살이풀 | 이름에 '왕'자가 붙었듯이 쑥부쟁이류 중에서 꽃이 가장 크다. 남부 지방에서 꽃이 가장 늦게 피며, 제주에서는 12월에 핀다. 붉은색 줄기는 매끈하며 억세고, 가지를 많이 친다.

용담

10월 태백 | 용담과 | 여러해살이풀 | 해발 800m 이상의 양지바른 산과 들에 난다. 줄기는 자주색을 띠며, 마주나는 잎은 잔 돌기가 있어 까칠까칠하다. 8~10월에 보라색 꽃이 피는데, 변이종인 흰색이 섞여 피기도 한다. 화관은 5갈래로 둥근 타원형으로 갈라지는데 그 사이에 삼각형 부관 갈래 조각이 있다. 용담·큰용담·과남풀·칼잎용담의 뿌리와 뿌리줄기를 '용담(龍膽)'이라는 약재로 쓴다.

용담(흰색 변이종)

10월 합천 | 용담과 | 여러해살이풀 | 흰색 변이종.

덩굴용담

10월 태백 | 용담과 | 여러해살이풀 | 가늘고 긴 줄기는 다른 물체를 감고 자란다. 잎은 마주나며 긴 달걀형에 끝은 뾰족하다. 9~10월에 피는 연한 홍자색 꽃은 화관이 3cm 정도로 밑이 점차 좁아지고 열편은 좁은 삼각형이다. 열편 사이에 부편도 약간 생긴다. 전초를 '청어담초(青魚膽草)'라는 약재로 쓴다.

비로용담

7월 백두산 | 용담과 | 여러해살이풀 |
높은 산 중턱 반음지 습지에서 자생한다. 7~9월에 벽자색 꽃이 가지 끝에 핀다. 자생지가 매우 드문 귀한 식물이다.

흰비로용담

7월 백두산 | 용담과 | 여러해살이풀 |
흰색의 꽃이 핀다. 꽃에 사람의 손이 닿으면 꽃잎을 닫아 버린다.

과남풀

10월 태백 | 용담과 | 여러해살이풀 |
제주도를 제외한 전국의 낮은 습지, 산지 양지바른 곳, 등산로 주변에서 자란다. 곧추서는 1개의 줄기에 긴 타원 모양의 피침형 잎이 마주난다. 끝은 뾰족하고 잎면에 얕은 3개의 맥이 있다. 8~10월에 종 모양의 보라색 꽃이 줄기 끝이나 잎겨드랑이에 여러 개 달린다.

해국

흰해국

해국 10월 포항 | 국화과 | 여러해살이풀 | 제주도, 기후가 비교적 온화한 전국 바닷가의 빛이 잘 드는 암벽에서 자란다. 키가 작고, 오래되면 목질화되며, 잎은 도톰하고 양면에 부드러운 털이 퍼져 있다. 7~11월에 연보라색 또는 연자주색 꽃이 핀다. '해국(海菊)'은 '바닷가[海]에서 피는 국화[菊]'라는 의미이다. 흰해국 10월 포항 | 국화과 | 여러해살이풀 | 식물 생김새는 해국과 같으며, 꽃이 흰색이다. 바닷바람을 맞으며 자라므로 키는 스스로 작게 자란다.

찾아보기

가는개여뀌	476	개정향풀	225	괴불나무	154	깽깽이풀	88, 89
가는오이풀	525	개족도리풀	229	구름범의귀	339	꼬리조팝나무	112
가는잎구절초	503	개질경이	238	구름병아리난초	43	꼬리진달래	115
가는잎향유	456	개찌버리사초	138	구름송이풀	469	꼬리풀	342
가는장구채	250	갯금불초	347	구름오이풀	527	꼭두서니	348
가솔송	119	갯기름나물	252	구름패랭이꽃	336	꽃마리	161
가시여뀌	477	갯까치수염	142	구상난풀	169	꽃여뀌	478
가시연	275	갯메꽃	144	구슬꽃나무	421	꽃쥐손이	233
가야물봉선	513	갯방풍	253	구슬붕이	94	꽃창포	78
가지꼭두서니	348	갯봄맞이	205	구슬이끼	156	꽃층층이꽃	397
각시붓꽃	74	갯쑥부쟁이	539	구와꼬리풀	343	꽃향유	457
각시수련	279	갯씀바귀	153	구와말	286	꿀풀	264, 265
각시족도리풀	228	갯완두	150	구절초	502	꿩의다리	162
각시취	414	갯잔디	259	그늘골무꽃	256	꿩의다리아재비	163
각시투구꽃	461	갯장구채	250	그늘사초	138	꿩의바람꽃	25
갈퀴현호색	129	갯질경이	239	금강봄맞이	204	꿩의밥	166
감자난초	34	갯패랭이꽃	334	금강애기나리	158	꿩의비름	506
강아지풀	262	거문도닥나무	337	금강초롱	492	끈끈이귀개	266
강활	445	검은솜아마존	311	금괭이눈	84	끈끈이대나물	428
개감수	130	계요등	338	금꿩의다리	164	끈끈이장구채	251
개맥문동	511	고깔제비꽃	107	금난초	35	끈끈이주걱	267
개미자리	132	고들빼기	152	금낭화	160	나나벌이난초	40
개미취	419	고려엉겅퀴	321	금마타리	305	나도감채	167
개미탑	290	고마리	308	금매화	340	나도개미자리	132
개버무리	346	고추나물	386	금붓꽃	75	나도미꾸리낚시	309
개별꽃	134	골무꽃	254	금창초	227	나도바람꽃	25
개병풍	297	곰취	416	기바통발	283	나도바랭이	262
개불알풀	22	공조팝나무	111	기장대풀	258, 259	나도범의귀	339
개솔새	261	과남풀	541	긴두잎갈퀴	516	나도송이풀	469
개시호	399	광대나물	82	긴잎산조팝나무	111	나도수정초	168
개싸리	472	광대싸리	473	길마가지나무	155	나도씨눈란	42
개쑥부쟁이	539	광릉요강꽃	63	깃털이끼	156	나도양지꽃	98
개아마	271	괭이눈	84	까실쑥부쟁이	538	나도옥잠화	170
개자리	223	괭이밥	87	까치깨	504	나도제비란	53
개잠자리난초	51	괭이싸리	473	까치수염	143	나도하수오	350

나문재	268	누른하늘말나리	371	돌콩	151	마타리	304
나팔꽃	148	누린내풀	422	동강할미꽃	125~127	마편초	510
낙지다리	499	누운주름잎	230	동래엉겅퀴	320	만삼	377
낚시돌풀	352	눈괴불주머니	206	동의나물	181	만수국아재비	432
난쟁이바위솔	449	눈빛승마	495	동자꽃	362	만주바람꽃	26
난쟁이붓꽃	76	능소화	355	두루미꽃	182	말나리	367
날개하늘나리	374	단풍취	420	두메고들빼기	152	말털이슬	497
남가새	353	달구지풀	245	두메대극	131	매발톱	378
남방바람꽃	26	달래	90	두메분취	415	매자기	139
남산제비꽃	109	달맞이꽃	423	두메양귀비	364	매화노루발	173
남오미자	292	닭의난초	41	두메자운	105	맥문동	511
낭아초	293	닭의덩굴	351	두메투구꽃	429	멀꿀	192
냉초	345	닭의장풀	424	둥굴레	184	메꽃	146
너도바람꽃	24	담배풀	426	둥근이질풀	235	메밀꽃	325
너도수정초	168	담자리꽃나무	356	둥근잎꿩의비름	507	며느리밑씻개	308
넓은잎미꾸리낚시	309	닷꽃	427	둥근잎나팔꽃	149	며느리배꼽	308
넓은잎잠자리란	51	당개지치	176	둥근잎미국나팔꽃	149	모데미풀	92
넓은잎큰조롱	405	대극	130	둥근잎털제비꽃	107	모래지치	177
네귀쓴풀	178	대나물	428	들떡쑥	189	모시대	490
네모골	139	대성쓴풀	178	들바람꽃	27	무늬황록족도리풀	229
노랑개아마	270	대청부채	79	들통발	283	무릇	436
노랑꽃창포	81	대흥란	54	등대풀	131	문주란	380
노랑도깨비바늘	508	댓잎현호색	129	등심붓꽃	77	물고추나물	389
노랑무늬붓꽃	75	더덕	377	딱지꽃	99	물달개비	288
노랑물봉선	514	덩굴닭의장풀	424	땅귀개	298	물매화	440
노랑미치광이풀	93	덩굴박주가리	409	땅나리	366	물매화	441
노랑복주머니란	59	덩굴별꽃	136	땅빈대	430	물봉선	512
노랑어리연	272	덩굴용담	540	땅채송화	300	물솜방망이	97
노랑제비꽃	107	도깨비바늘	509	때죽나무	186	물수세미	291
노랑토끼풀	244	도깨비부채	296	떡쑥	188	물싸리	382
노랑투구꽃	460	도라지	358	떡잎골무꽃	255	물아카시아	287
노랑하늘타리	412	돌가시나무	295	뚜껑덩굴	391	물양귀비	287
노루귀	30	돌나물	303	뚜껑별꽃	137	물양지꽃	99
노루발	172	돌단풍	180	뚝갈	307	물여뀌	479
노루삼	174	돌마타리	306	띠	259	물옥잠	288
노루오줌(흰색)	175	돌바늘꽃	443	마디풀	431	물질경	285
노루오줌	175	돌부추	360	마름	284	미국나팔꽃	149
노린재나무	294	돌양지꽃	99	마삭줄	376	미국미역취	418
놋젓가락나물	461	돌외	326	마주송이풀	468	미국쑥부쟁이	538

미국좀부처꽃	383	범부채	79	산서복주머니란	60	섬쑥부쟁이	538
미국쥐손이풀	233	변산바람꽃	25	산솜방망이	97	섬초롱꽃	493
미꾸리낚시	309	별꽃	135	산오이풀	526	세복수초	21
미색복주머니란	59	병아리난초	43	산외	327	세뿔투구꽃	461
미역취	418	병아리풀	463	산자고	91	세수염마름	284
미치광이풀	93	병조희풀	464	산작약	201	세잎종덩굴	401
민구와말	286	병풍쌈	297	산조팝나무	111	세잎쥐손이풀	232
민눈양지꽃	98	보춘화(춘란)	32	산토끼꽃	245	세포큰조롱	405
민들레	194	보현개별꽃	135	살갈퀴	151	소귀나물	289
민백미꽃	310	복수초	20	삼도하수오	350	속단	467
민솜방망이	97	복주머니란	58	삼백초	324	손바닥난초	46
바늘꽃	442	봄구슬붕이	94	삼지구엽초	95	솔나리	368
바늘엉겅퀴	318	봄맞이	204	삼지닥나무	69	솔나물	392
바디나물	444	봉래꼬리풀	343	삽주	518	솔새	260
바람꽃	29	부산꼬리풀	343	삿갓나물	103	솔이끼	157
바보여뀌	478	부처꽃	383	삿갓사초	138	솔잎란	70
바위돌꽃	446	부추	360	새박	390	솔체꽃	519
바위떡풀	453	분취	415	새삼	466	솜나물	208
바위솔	448, 449	분홍바늘꽃	443	새완두	151	솜다리	190
바위채송화	302	분홍털복주머니란	62	새우난초	36	솜방망이	96
바위취	452, 453	붉은쾡이밥	87	새콩	151	솜아마존	311
박주가리	406, 407	붉은대극	131	서덜취	417	송이풀	468
박하	454	붉은토끼풀	244	서양금혼초	199	쇠별꽃	135
반디지치	177	비로용담	541	서양민들레	196	수골무꽃	256
반하	121	비수리	433	서양벌노랑이	203	수까치깨	505
방울새란	65	빅토리아연	275	석곡	37	수련	278
배초향	455	빗살현호색	129	석류풀	517	수리취	420
백련	276	뻐꾹나리	375	석산(꽃무릇)	438	수박풀	393
백리향	534	뻐꾹채	314	선갈퀴	349	수염가래꽃	323
백부자	458	사마귀풀	289	선개불알풀	23	수영	209
백산차	118	사철란	44	선메꽃	147	수정난풀	169
백서향	68	산괭이눈	85	선백미꽃	310	수크령	262
백선	200	산괴불주머니	206	선운족도리풀	229	순비기나무	394
백운풀	516	산마늘	322	선주름잎	231	순채	279
백작약	201	산민들레(토종)	198	선토끼풀	245	술패랭이꽃	336
버들잎엉겅퀴	321	산박하	455	섬남성	121	숫잔대	489
벌개미취	419	산부채	73	섬바디	444	숲개별꽃	134
벌노랑이	202	산부추	361	섬백리향	535	숲바람꽃	27
범꼬리	312	산비장이	316	섬시호	399	쉬나무	470

쉬땅나무	471	얼치기복주머니란	61	으름덩굴	193	제비동자꽃	363
쉽싸리	396	얼치기완두	151	으아리	218	제주무엽란	55
시호	398	엉겅퀴	317	은꿩의다리	165	조개나물	226
실새삼	466	여뀌	474	은방울꽃	220	조개풀	261
싸리	472	여뀌바늘	479	은분취	415	조록싸리	472
쌍동바람꽃	27	여로	482	이삭귀개	299	조름나물	280
쑥부쟁이	536	여우구슬	522	이삭여뀌	478	조뱅이	315
쓴풀	179	여우오줌	426	이질풀	234	조팝나무	110
씀바귀	153	여우주머니	523	이팝나무	221	족도리풀	228
아마	271	여우팥	151	익모초	397	좀가지풀	329
아주가	227	연복초	215	일엽초	71	좀개미취	419
앉은부채	72	연분홍복주머니란	61	자라풀	285	좀고추나물	389
앉은좁쌀풀	332	연영초	216	자란	39	좀닭의장풀	425
알록제비꽃	108	염주괴불주머니	207	자운영	104	좀딱취	420
애기고추나물	387	염주황기	328	자주개자리	222	좀민들레(토종)	198
애기괭이눈	84	오이풀	524	자주광대나물	83	좀바위솔	449
애기괭이밥	86	옥녀꽃대	249	자주꿩의밥	87	좀싸리	473
애기달맞이꽃	423	옥잠난초	47	자주괴불주머니	207	좀작살나무	434
애기닭의장풀	425	옥잠화	171	자주꽃방망이	485	좀참꽃	117
애기도라지	359	올괴불나무	154	자주꿩의다리	165	좁쌀풀	330
애기땅빈대	430	올챙이솔	285	자주덩굴별꽃	136	좁은백산차	118
애기메꽃	147	왕갯쑥부쟁이	539	자주땅귀개	298	좁은잎해란초	532
애기버어먼초	169	왕고들빼기	152	자주쓴풀	178	종덩굴	400
애기수영	209	왕과	326	자주조희풀	465	주름잎	230
애기앉은부채	72	왕괴불나무	155	작살나무	434	주름조개풀	261
애기자운	105	왜떡쑥	189	잔개자리	223	죽대아재비	159
애기풀	210	왜박주가리	408	잔대	486	중나리	372
애기현호색	129	왜솜다리	191	잔털제비꽃	109	중의무릇	113
앵초	212	왜우산풀	384	잠자리난초	50	쥐방울덩굴	402
야고	520	용담	540	점현호색	129	쥐손이풀	232
약난초	38	용둥굴레	185	장구밤나무	435	쥐오줌풀	236
약모밀	324	우단담배풀	426	장구채	251	쥐털이슬	497
양머리복주머니란	60	우산나물	102, 103	장대여뀌	479	지네발란	56
양지꽃	98	우산이끼	157	정선바위솔	451	지느러미엉퀴	319
어리연꽃	274	울산도깨비바늘	509	정선황기	328	지채	140
어수리	385	원지	211	정영엉겅퀴	321	지치	177
어저귀	521	원추리	484	정향풀	224	지칭개	315
억새	263	유럽개미자리	133	제비꽃	106	진달래	114, 115
얼레지	100	으름난초	67	제비꿀	133	진득찰	528

진땅고추풀	530	큰꽃으아리	219	통통마디	269	흰갈퀴현호색	129
진범	459	큰낭아초	293	푸른여로	483	흰개수염	141
진퍼리잔대	487	큰닭의덩굴	351	풀거북꼬리	498	흰골무꽃	255
질경이	238	큰땅빈대	431	풀솜대	183	흰괭이눈	85
쪽동백	187	큰방울새란	64	피나물	122	흰깽깽이풀	89
참갈퀴덩굴	349	큰백령풀	410	피막이	500	흰꼬리풀	344
참골무꽃	257	큰벼룩아재비	531	하늘말나리	370	흰꽃여뀌	475
참기생꽃	237	큰산좁쌀풀	332	하늘매발톱	379	흰꽃향유	457
참꽃나무	116	큰석류풀	517	하늘산제비란	53	흰꿀풀	265
참꽃마리	161	큰세잎쥐손이풀	232	하늘지기	139	흰나도송이풀	469
참나리	374	큰애기나리	159	하늘타리	412	흰노랑민들레(토종)	197
참당귀	445	큰앵초	213	한계령풀	123	흰동자꽃	363
참바위취	453	큰엉겅퀴	319	한국사철란	45	흰등근이질풀	235
참배암차즈기	257	큰연영초	217	한라새둥지란	66	흰모시대	491
참비녀골풀	166	큰오이풀	527	할미꽃	124	흰무릇	436
참조팝나무	112	큰잎쓴풀	179	함박꽃나무	246	흰물고추나물	389
참좁쌀풀	331	큰제비고깔	462	해국	542	흰민들레(토종)	199
참취	417	큰조롱	404	해란초	532	흰병아리풀	463
참통발	282	큰천남성	120	해오라비난초	57	흰비로용담	541
창질경이	239	타래난초	48	해홍나물	269	흰뻐꾹나리	375
채고추나물	388	타래붓꽃	76	향유	456	흰속단	467
처녀치마	240	태백바람꽃	28	헐떡이풀	247	흰손바닥난초	46
천남성	120	태백이질풀	235	현호색	128	흰솔나리	369
천마	242	태백제비꽃	109	호범꼬리	313	흰송이풀	468
초롱꽃	493	털괭이눈	85	호자나무	248	흰씀바귀	153
초종용	243	털동자꽃	363	호자덩굴	333	흰앵초	214
촛대승마	494	털백령풀	411	호제비꽃	108	흰여로	483
춘란	32	털복주머니란	62	홀아비꽃대	249	흰자주꽃방망이	485
층꽃나무	397	털새동부	105	홀아비바람꽃	29	흰자주땅귀개	299
층층둥굴레	185	털여뀌	480	홍도까치수염	143	흰자주쓴풀	179
층층잔대	487	털이슬	496, 497	홍련	277	흰제비고깔	462
칠면초	268	털제비꽃	108	화살곰취	416	흰제비란	52
칠보치마	241	털중나리	373	황근	413	흰진범	459
큰개별꽃	134	털진득찰	529	황금	501	흰큰방울새란	64
큰개불알풀	23	털질경이	239	황록선운족도리풀	229	흰투구꽃	460
큰괭이밥	86	토끼풀	244	황산차	119	흰해국	542
큰금매화	341	톱잔대	488	회리바람꽃	28		
큰까치수염	143	통발	282	흑박주가리	408		
큰꽃삽주	518	투구꽃	460	흑삼릉	281